U0237627

京津冀地区保护植物图谱

PROTECTED PLANTS IN JING-JIN-JI AREA

张志翔　沐先运　欧阳喜辉
张敬锁　董文光　张志明　主　编

中国林业出版社

图书在版编目（CIP）数据

京津冀地区保护植物图谱 / 张志翔等编著. —— 北京：
中国林业出版社，2017.12
　　ISBN 978-7-5038-9404-6

　　Ⅰ．①京… Ⅱ．①张… Ⅲ．①珍稀植物－华北地区－
图谱 Ⅳ．①Q948.522-64

中国版本图书馆CIP数据核字(2017)第302741号

责任编辑　李春艳
出　版　中国林业出版社（100009 北京市西城区德胜门内大街刘海胡同7号）
E-mail　30348863@qq.com
电　话　(010) 83143579
印　刷　固安县京平诚乾印刷有限公司
发　行　中国林业出版社总发行
版　次　2018年1月第1版
印　次　2018年1月第1次
开　本　880mm×1230mm　1/16
印　张　17
字　数　340千字
定　价　228.00元

（凡购买本社的图书，如有缺页、倒页、脱页者，本社图书发行部负责调换）

编委会

主　编：张志翔　沐先运　欧阳喜辉

　　　　张敬锁　董文光　张志明

编　委：冯　洋　刘晓霞　刘　冰

　　　　林秦文　吴远密　沈雪梨

　　　　童　玲　朱艺璇　祁延林

　　　　董树斌　宁　宇　夏晓飞

　　　　王鸿婷　杨　琳　周　洁

　　　　李玉军　崔同华　崔　庆

　　　　黄三祥

前　言

　　呵护山水林田湖草，构建生态系统保护网络，建设美丽中国是我们共同的奋斗目标，植物多样性将在其中发挥极其重要的作用。随着社会经济的高速发展，人民生活水平迅猛提高，城镇化突飞猛进，生物多样性保护面临着较大的挑战和压力。绿色发展的生活方式，已成为各国人民共同追求的理念和目标。

　　中国幅员辽阔，地质地貌多样而复杂，孕育了丰富的生物多样性。近年来，我国政府相继实施了天然林保护工程、退耕还林工程和全国野生动植物保护工程等重大工程，为维护国家生态安全奠定了重要基础。各级政府管理部门、科研院所和民众协同合作，致力于国家生物多样性保护工作，且已取得了一定的成果。

　　京津冀地区，地处我国华北平原核心地带，东临渤海，西有太行山脉，北有冀北高原，南部为华北大平原，区域内地貌复杂多样，包括高原、山地、丘陵、盆地、平原等，最高海拔 2882m（河北小五台山）。作为国家诸多重大发展战略的实施地之一，坚守生态红线，建立生态系统保护网络，是维持区域经济绿色发展的基础。家底清、资源明是对行业管理和服务部门的基本要求。据初步统计，京津冀地区有乡土野生维管束植物 2000余种，包括蕨类植物 120 种，裸子植物 12 种，被子植物 1900 余种。珍稀濒危植物，作为植物多样性中的"旗舰"类群，是家底中最令人关注的内容之一。然而，华北地区的人为活动历史悠久且十分频繁，对本区域野生动植物的生长造成了一定影响。立足本地，区域联动，切实提高各类保护植物的识别能力，明确家底档案，对本区珍稀濒危植物的科学管理和保护具有基础性重要意义。

　　鉴于此，我们编写了《京津冀地区保护植物图谱》。本书以彩色照片为主，收录了北京市、河北省和天津市范围内分布的、入选国家级重点保护野生植物名录［第一批和第二批（讨论稿）］、地方级重点保护野生植物名录、濒危野生动植物种国际贸易公约（CITES）附录、世界自然保护联盟（IUCN）红色名录、中国生物多样性红色名录、我国极小种群野生植物名录和国家重点保护农业野生植物名录（第一批）的物种。去除各类重复物种，共计收录高等植物 234 种，包括苔藓植物 2 种、蕨类植物 12 种、裸子植物 10 种和被子植物 210 种，排列顺序依次参照了陈邦杰、秦仁昌、郑万钧和恩格勒分类系统。书中详细列举各物种在以上各名录中的保护等级，并以中国植物志英文版（*Flora of China*）为对照，对物种的拉丁名进行了比较和补充，简要列出物种的形态特征、物候期、全国和区域分布状况及生境，并对一些物种进行补充描述。鉴于天津市尚未颁布其重点保护野生植物名录，本书将为天津市的相关工作提供参考。

　　从已颁布的《北京市重点保护野生植物名录》和《河北省重点保护野生植物名录》

来看，有必要对这些名录进行更新。例如，或许是从保护地方特有性物种的角度考虑，地方名录收录了一些被广泛认同为异名或不合格发表的名称，如雾灵蹄盖蕨 *Athyrium acutidentatum*、河北蹄盖蕨 *Athyrium hebeiense*、河北铁角蕨 *Asplenium hebeiense*、东陵铁角蕨 *Asplenium pseudovarians*、细枝苋 *Amaranthus gracilentus*、铁皮桦 *Betula platyphylla* var. *brunnea*、无毛独根草 *Oresitrophe rupifraga* var. *glabrescens*、雾灵丁香 *Syringa wulingensis*、长柄车前 *Plantago hostifolia* 等；一些本区域无分布的物种被列入名单，如卷柏 *Selaginella tamariscina*、小五台蚤缀 *Arenaria formosa*、宽瓣金莲花 *Trollius asiaticus*、升麻 *Cimicifuga foetida*、小五台紫堇 *Corydalis pauciflora* var. *alaschanica* 等。基于长期的野外调查，本书对一些濒危植物的分类学地位和物种现状给予评论，如北京特有、极度濒危的百花山葡萄 *Vitis baihuashanensis* 应从 *Flora of China* 中记录为深裂山葡萄 *Vitis amurensis* var. *dissecta* 的异名提升为独立的物种，建议立刻提升保护等级，开展保护研究；分布于本区域的、数量最为稀少的杓兰属植物应为山西杓兰 *Cypripedium shanxiense*，而不是杓兰 *Cypripedium calceolus*；分布于北京的具有黄色雄蕊的猕猴桃属植物为葛枣猕猴桃 *Actinidia polygama*，不是狗枣猕猴桃 *Actinidia kolomikta*；材质优良的北京新记录植物铁木 *Ostrya japonica* 也应该提升区域保护等级；主要分布于燕山山脉的国家极小种群野生植物河北梨 *Pyrus hopeiensis* 的分类学地位存疑，有待进一步研究和确认。最近发现的兰花新物种北京无喙兰 *Holopogon pekinensis* 也应列入保护名录中，本书暂未收录。综上所述，保护植物名录应随着保护成效、植物资源深入调查结果的更新而进行动态调整。

本书既具有科研和学术价值，服务于华北地区珍稀濒危植物的保护研究，也具有较高的科普宣教价值，让民众更好地认识区域内的保护物种，自觉参与到珍稀濒危植物的保护实践中。相关管理部门可借助区域内珍稀濒危植物中的"旗舰"类群、"明星"类群，开展深入的保护工程和科普宣教工作，以点带面，推动京津冀地区生物多样性保护方面的工作有序、高效、稳步地开展。在本书的编撰过程中得到了北京林业大学自然保护区学院的大力帮助，陈又生、何理、高云东、李冬辉、林秦文、毛星星、潘建斌、尚策、汪远、徐晔春、叶喜阳、喻勋林、张力、赵建成、周繇、朱鑫鑫等人提供了部分物种图片，中国数字植物标本馆、英国自然历史博物馆、爱丁堡植物园标本馆等单位馈赠部分物种标本照片，在此表示感谢！

鉴于编者水平有限，书中难免存在不当之处，敬请读者批评指正。

编　者
2017 年 12 月

本书使用说明

植物所属门类

科名 ———— 金星蕨科 Thelypteridaceae

1. 物种名称 { 中文名 ———— **疏羽肿足蕨**

拉丁名 ———— *Hypodematium laxum* Ching

2. 物种收录和等级划分情况

区域保护等级	国家保护等级	CITES 附录	中国生物多样性红色名录等级	IUCN 红色名录等级	极小种群物种	国家重点保护农业野生植物
寰			LC			

3. 物种简要文字说明

形态特征 植株高大,根块茎粗短横走。叶柄长 12~16cm,禾秆色,近光滑,基部的密盖有淡红褐色的鳞片,鳞片披针形,长约 1.6cm;叶片三角状卵形,长 16~28cm,宽 7~15cm,呈四回羽裂;羽片 10~14 对,具柄,一回小羽片无柄。叶脉在裂片中成羽状分叉。叶两面为草绿色,干时成黄绿色,正面被绢质柔毛,背面被稀疏的毛,中脉上具明显腺体。孢子囊群一般着生于裂片背面,囊群盖常为圆肾形,淡白褐色,疏生微柔毛,宿存。

全国分布 产于北京、河北中部、河南、陕西西南部、山东、浙江、安徽、江西、湖南西部。

区域分布 产于河北保定;北京房山上方山。

生 境 生于岩石缝中或阴坡石缝中。

附 注 *Flora of China* 中记录本种为修株肿足蕨 *Hypodematium gracile* Ching 的异名。

4. 形态特征图片

5. 标本照片   页码

1. 物种名称，包括所在科的中文名、拉丁名，种的中文名、拉丁名。物种拉丁名以地方保护植物名录中的记录为主，如果非区域收录，参照国家级志书物种名称。

2. 物种在各名录中的收录和等级划分情况。

（1）区域保护等级：北京简称京，名录见 http://www.bjyl.gov.cn/zwgk/gsgg/201612/t20161212_186622.shtml，根据保护等级分为京Ⅰ级（北京市一级重点保护野生植物）、京Ⅱ级（北京市二级重点保护野生植物）；河北省简称冀，名录见 http://info.hebei.gov.cn/hbszfxxgk/329975/329982/371093/index.html，未划分保护等级。

（2）国家级保护等级：第一批为 1999 年由国务院颁布的名录，第二批为讨论稿，名录见中国珍稀濒危植物信息系统（http://rep.iplant.cn）。

（3）CITES 附录：濒危野生动植物种国际贸易公约（2013 年）中入选附录Ⅰ、附录Ⅱ或附录Ⅲ的物种（见 http://www.cites.org.cn）。

（4）中国生物多样性红色名录：入选《中国生物多样性红色名录——高等植物卷》（2013 年）的高等植物名录（见 http://www.zhb.gov.cn/gkml/hbb/bgg/201309/t20130912_260061.htm），濒危等级参考 IUCN 体系。

（5）IUCN 红色名录，见 http://www.iucnredlist.org，等级类型为：绝灭（Extinct，EX）、野外绝灭（Extinct in the Wild，EW）、地区绝灭（Regional Extinct，RE）、极危（Critically Endangered，CR）、濒危（Endangered，EN）、易危（Vulnerable，VU）、近危（Near Threatened，NT）、无危（Least Concern，LC）、数据缺乏（Data Deficient，DD）。

（6）国家极小种群植物：入选国家林业局颁布的《全国极小种群野生植物拯救保护工程规划》（2011-2015 年）的 120 种物种的名录，表明入选（√）或没有。

（7）国家重点保护农业野生植物：以农业部颁布的国家重点保护农业野生植物名录（第一批）为依据，表明入选（√）或没有。

3. 物种简要文字说明，包括物种的形态特征、花果期、全国分布情况、京津冀地区分布情况、生境，以及附注（对其名称、分布、分类、保护现状等方面做的补充记录）。

4. 物种的形态特征图片。

5. 物种的相关标本照片。

目 录

苔藓植物

大帽藓科　Encalyptaceae

中华大帽藓

Encalypta sinica J. C. Zhao et M. Li

区域保护等级	国家保护等级	CITES 附录	中国生物多样性红色名录等级	IUCN 红色名录等级	极小种群物种	国家重点保护农业野生植物
冀			DD			

形态特征　植株矮小，1.2~1.4cm，上部亮绿或黄绿色，下部褐色，密集丛生。茎单一或有分枝。叶干燥时弯曲或扭转，矩圆状卵形或矩圆状舌形；叶缘平展或内弯；叶尖圆钝，叶上部细胞具星状疣，中肋微突出。孢蒴圆柱状，基部较宽大；蒴壁表面具纵条纹；蒴齿单层，橘红色，直立或弯曲，披针形或截形，外表面光滑，内表面具明显的疣。蒴帽圆柱形，具多数乳头状毛，基部呈不规则的流苏状。孢子黄褐色，24~32μm，近极面近光滑，远极面具大的瘤状突起。

全国分布　产于河北蔚县小五台山。

生　　境　生于海拔1850~2400m的土层或岩石土表面。

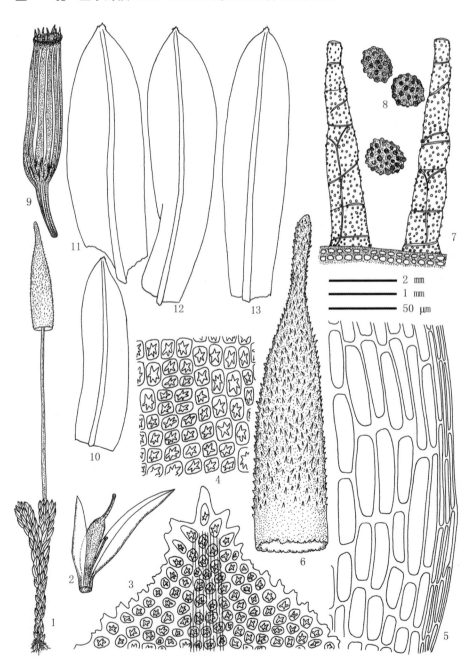

2 mm
1 mm
50 μm

1. 植物体
2. 幼孢子体
3. 叶尖部细胞
4. 叶中部细胞
5. 叶基部细胞
6. 蒴帽
7. 蒴齿
8. 孢子
9. 孢蒴
10~13. 叶
比例尺：1：2 mm
　　　　2、6、9~13：1mm
　　　　3~5、7~8：50μm

真藓科　Bryaceae

大叶藓

Rhodobryum roseum Limpr.

区域保护等级	国家保护等级	CITES 附录	中国生物多样性红色名录等级	IUCN 红色名录等级	极小种群物种	国家重点保护农业野生植物
冀			NT			

形态特征　植物体小型，稀疏丛生，绿色或黄绿色，基部有横走的茎。茎上部绿色，下部红褐色，茎上具假根，成簇着生，几无分枝，假根细胞表面密被粗疣。叶在茎顶端呈花头状，花直径约 0.5~0.8mm，叶片数量较少，约 15~20 片。外部叶倒卵形，上部极宽，内部叶较窄，呈匙形，约 3.5~5.5mm×2.5~3.0mm，边缘平，上部边缘具齿，中下部背卷；叶尖急尖，中肋达顶或在近尖部消失。中肋横切面中部厚壁细胞束很小，呈一长条形或"V"字形，背部表皮细胞 2~3 列，甚至 4 列。中部细胞宽菱形或六角形，41~83μm×21~32μm，薄壁，具壁孔；基部细胞长方形，65~124μm×16~25μm，微具壁孔。孢子体未见。孢子成熟于秋季。

全国分布　产于河北兴隆雾灵山。

生　　境　生于土壤或岩面薄土上，有时生树干基部或腐木上。

蕨类植物

卷柏科　Selaginellaceae

卷柏

Selaginella tamariscina (P. Beauv.) Spring

区域保护等级	国家保护等级	CITES 附录	中国生物多样性红色名录等级	IUCN 红色名录等级	极小种群物种	国家重点保护农业野生植物
冀			LC			

形态特征　植株高 3~15cm。主茎短，直立，顶端丛生小枝，小枝辐射开展，平时向内拳卷。营养叶二型，4 列，侧叶（背叶）斜展，卵形，长 1~2.5mm，宽 1~1.5mm，基部多少歪斜，先端急尖而有长芒，边缘具微细齿，稀近全缘，中叶（腹叶）卵状长圆形，长约 1.5mm，宽约 1mm，具长芒尖，边缘具微细齿，斜上开展。孢子叶卵状三角形，背部龙骨状突起，先端锐尖，边缘具微细锯齿，4 列交互排列成四棱柱状的孢子囊穗。孢子囊穗单生于小枝顶端，绿色，长 1~1.5cm。孢子囊二型，圆肾形或球状四面体形，大小孢子囊的排列不规则，孢子二型，球状四面体形至近圆形，外壁具瘤状纹饰。

全国分布　广布于我国南北大多数地区。

区域分布　本区域无分布。

生　　境　生于向阳的干旱山坡石缝中。

附　　注　据中科院植物所张宪春研究员介绍，华北地区无卷柏分布，本区域常见形态相似物种为垫状卷柏 *Selaginella pulvinata* (Hook. et Grev.) Maxim.，见彩图。

阴地蕨科　Botrychiaceae

扇羽阴地蕨

Botrychium lunaria (Linn.) Sw.

区域保护等级	国家保护等级	CITES 附录	中国生物多样性红色名录等级	IUCN 红色名录等级	极小种群物种	国家重点保护农业野生植物
冀			LC			

形态特征　多年生低矮小草本,根状茎极短。总叶柄基部被褐色鞘状鳞片;营养叶长圆形,一回羽状全裂,小裂片扇形,先端圆形,浅裂,叶无明显中脉;孢子叶比营养叶高,从营养叶鞘中抽出,孢子囊穗圆锥形,1~2 次分枝。

全国分布　产于东北、河北、山西、陕西、河南、四川西部、云南西北部及台湾高山。

区域分布　见于河北承德、木兰围场、兴隆雾灵山、蔚县小五台山;北京延庆松山、密云坡头和怀柔孙栅子、喇叭门。

生　境　生于高山地区森林灌丛下或林下。

瓶尔小草科　Ophioglossaceae

狭叶瓶尔小草

Ophioglossum thermale Kom.

区域保护等级	国家保护等级	CITES 附录	中国生物多样性红色名录等级	IUCN 红色名录等级	极小种群物种	国家重点保护农业野生植物
冀			NT			

形态特征　根状茎细短，直立，有一簇细长不分枝的肉质根，向四面横走如匍匐茎，在先端生新植株。叶单生或 2~3 片自根部生出，总叶柄长 3~6cm，纤细，绿色或下部埋于土中，呈灰白色；营养叶为单叶，每梗一片，无柄，长 2~5cm，宽 3~10mm，倒披针形或长圆倒披针形，基部为狭楔形，全缘，先端微尖或稍钝，草质，淡绿色，具不明显的网状脉，但在光下则明显可见。孢子叶自营养叶的基部生出，柄长 5~7cm，高出营养叶，孢子囊穗长 2~3cm，狭线形，先端尖，由 15~28 对孢子囊组成。孢子灰白色，近于平滑。

全国分布　产于东北、河北、陕西、四川、云南、江西及江苏。

区域分布　产于河北北戴河。

生　　境　生于山坡草地或温泉附近。

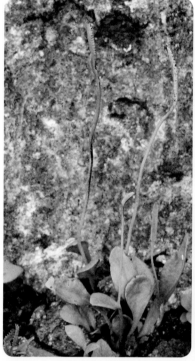
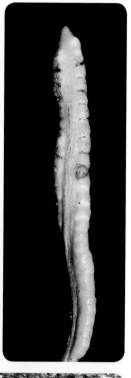

凤尾蕨科　Pteridiaceae

蕨

Pteridium aquilinum var. *latiusculum* (Desv.)　Underw. ex Heller

区域保护等级	国家保护等级	CITES 附录	中国生物多样性红色名录等级	IUCN 红色名录等级	极小种群物种	国家重点保护农业野生植物
冀			LC			

形态特征　植株高 1m 以上。根状茎长而横走，幼嫩部分生有棕褐色绒毛。叶远生，叶柄深麦秆色，长 40~60cm，粗达 1cm 以上，埋在土中部分通常密生褐色毛，向上变光滑；叶片卵状三角形或广三角形，长 30~60cm，宽 25~55cm，三回羽状。孢子囊群线形，沿裂片边缘分布，孢子四面体形，具 3 裂缝，外壁具细微突起。

全国分布　产于全国各地，主要分布于长江流域及以北地区，亚热带地区也有分布。

区域分布　产于河北、北京、天津各地，分布极为普遍。

生　　境　生于山坡、草地及林下。

中国蕨科　Sinopteridaceae

小叶中国蕨

Sinopteris albofusca (Bak.) Ching

区域保护等级	国家保护等级	CITES 附录	中国生物多样性红色名录等级	IUCN 红色名录等级	极小种群物种	国家重点保护农业野生植物
冀			LC	VU		

形态特征　植株低矮，根状茎短而直立，被栗黑色披针形鳞片。叶簇生，叶柄光滑细长，叶片呈五角星状，二回羽状深裂，叶片背面被白色蜡质粉末。叶脉羽状分叉，栗棕色，在叶背面隆起明显，侧脉二叉分枝，伸至叶缘。孢子囊群常为一个孢子囊，生小脉顶端，位于叶缘处。

全国分布　产于北京、河北、甘肃、湖南南部、四川、贵州、云南、西藏。

区域分布　产于河北蔚县小五台山、涞源；北京怀柔、密云、房山上方山。

生　　境　生于林下山坡阴湿地的石灰岩石缝里。

附　　注　*Flora of China* 中记录本种为粉背蕨属 *Aleuritopteris*。

蹄盖蕨科　Athyriaceae

雾灵蹄盖蕨

Athyrium acutidentatum Ching

区域保护等级	国家保护等级	CITES 附录	中国生物多样性红色名录等级	IUCN 红色名录等级	极小种群物种	国家重点保护农业野生植物
冀						

形态特征　植株高约60cm。根状茎短,直立或斜生,先端和叶柄基部密被棕色、披针形的大鳞片;叶簇生。柄长约30cm,黑褐色,向上禾秆色,光滑;叶片长卵形,长达30cm,先端短渐尖,基部略变狭,二回羽状;羽片约12对,互生,略斜展,几无柄,基部1对略缩短,长11cm,宽约2.5cm;小羽片约18对,基部的近对生,向上的互生,平展,无柄,长圆形,长1.2~1.5cm,钝圆头,并有三角形尖锯齿,基部圆锥形,略与羽轴合生,下侧不下延,下部的彼此分离。中部以上的彼此与羽轴狭翅相连,两侧羽裂达2/3;裂片4~5对,近长方形,边缘有张开的三角形钝齿牙,基部裂片最大,向上的渐短,先端有3~4个粗齿牙;叶脉羽状,侧脉单一。叶干后尖草质,绿色,无毛;叶脉正面不显,背面可见,在裂片上为羽状,侧脉2~4对,斜向上,单一。叶干后坚草质,褐绿色,两面无毛;叶轴和羽轴下面禾秆色。孢子囊群长圆形,生于裂片上侧小脉上,每小羽片4~6对,在支脉两侧各排成一行,近靠主脉;囊群盖弯钩形或钩形或马蹄形,灰棕色,膜质,边缘啮蚀状,易脱落。孢子无周壁,表面有大颗粒状纹饰。

全国分布　模式标本采集于河北兴隆雾灵山。

生　　境　生于山坡灌丛中,海拔900m。

附　　注　该种模式标本采集于河北兴隆雾灵山,*Flora of China* 中记录本种为东北蹄盖蕨 *Athyrium brevifrons* Nakai ex Tagawa 的异名。

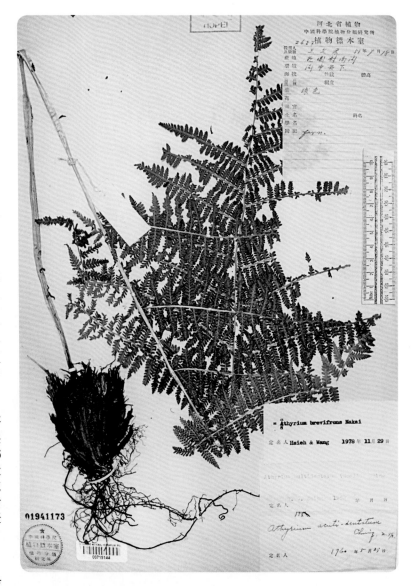

裸子植物

松科　Pinaceae

臭冷杉

Abies nephrolepis (Trautv.)　Maxim.

区域保护等级	国家保护等级	CITES 附录	中国生物多样性红色名录等级	IUCN 红色名录等级	极小种群物种	国家重点保护农业野生植物
冀			LC	LC		

形态特征　乔木，高达 30m，树皮通常呈灰色，裂成长条裂块、近长方形裂块，或裂成鳞片状。一年生枝淡黄褐色或淡灰褐色，密被淡褐色短柔毛，二、三年生枝灰色、淡黄灰色或灰褐色。叶排成两列，条形，直或弯镰状，长 1~3cm，宽约 1.5mm，叶正面光绿色，背面有 2 条白色气孔带。球果卵状圆柱形或圆柱形，熟时紫褐色或紫黑色；苞鳞倒卵形，中部狭窄成条状，长为种鳞的 3/5~4/5，不露出或微露出；种子倒卵状三角形，微扁，种翅淡褐色或带黑色。

花 果 期　花期 5 月，果期 9 月中下旬。

全国分布　产于我国东北小兴安岭南坡、长白山区及张广才岭，河北小五台山、雾灵山、围场及山西五台山。

区域分布　产于河北小五台山、雾灵山、围场；北京门头沟东灵山有零星生长。

生　　境　生长于海拔 1600~2100m 排水良好的缓坡的针阔叶混交林中。

松科　Pinaceae

华北落叶松

Larix gmelinii var. *principis-rupprechtii* (Mayr) Pilg.

区域保护等级	国家保护等级	CITES 附录	中国生物多样性红色名录等级	IUCN 红色名录等级	极小种群物种	国家重点保护农业野生植物
京Ⅱ级			VU			

形态特征　多年生落叶乔木，树冠圆锥形，树皮暗灰褐色，不规则鳞状开裂。小枝较粗，淡黄色叶。窄条形，扁平，短枝上簇生，长枝上螺旋状互生。成熟球果长卵形或卵圆形，种鳞不反卷，种子具长翅。

花 果 期　花期 4~5 月，果期 9~10 月。

全国分布　产于河北围场、承德、雾灵山、东灵山、西灵山、百花山、小五台山、太行山及山西五台山、芦芽山、管涔山、关帝山、恒山等。

区域分布　产于河北小五台山、雾灵山、围场；北京密云坡头、门头沟东灵山、百花山。

生　　境　在河北生于海拔 1400~2500m 处。在气候冷凉、土壤深厚、湿润、排水良好的微酸性地区生长良好；在北京生于海拔 1400m 以上的山脊或阴坡处。

松科 Pinaceae

白杆

Picea meyeri Rehd. et Wils.

区域保护等级	国家保护等级	CITES 附录	中国生物多样性红色名录等级	IUCN 红色名录等级	极小种群物种	国家重点保护农业野生植物
冀、京Ⅱ级			NT	NT		

形态特征 常绿乔木，树皮灰褐色，裂成不规则薄片脱落，树冠塔形，小枝基部宿存，芽鳞先端开展或微反卷。叶辐射状伸展分布主枝上，侧枝的两侧和枝条下叶片向上弯曲，叶四面有白色气孔带。球果距圆状圆柱形，下垂；种子倒卵形，具翅，成熟时常脱落。

花 果 期 花期 4~5 月，果期 9~10 月。

全国分布 产于山西、河北、内蒙古西乌珠穆沁旗。

区域分布 产于河北小五台山、雾灵山；北京见于密云坡头；区域各地有栽培。

生　　境 在北京生于 1500m 以上的针阔叶混交林中；在河北生于海拔 1600~2700m 处。

松科　Pinaceae

青杆

Picea wilsonii Mast.

区域保护等级	国家保护等级	CITES 附录	中国生物多样性红色名录等级	IUCN 红色名录等级	极小种群物种	国家重点保护农业野生植物
冀、京 II 级			LC	LC		

形态特征　常绿乔木，树冠阔圆锥形，老年树冠成不规则状；树皮浅裂或不规则鳞片状剥落；小枝基部宿存，芽鳞紧贴枝干。叶线形，坚硬，气孔带数条。球果卵状圆柱形，下垂，种子具翅，成熟后脱落。

花 果 期　花期 4~5 月，果期 9~10 月。

全国分布　产于内蒙古、河北、山西、陕西南部、湖北西部、甘肃中部及南部洮河与白龙江流域、青海东部、四川东北部及北部岷江流域上游。

区域分布　产于河北小五台山、雾灵山；北京见于密云坡头；区域各地有栽培。

生　　境　在北京生于 1500m 以上的针阔叶混交林中；在河北生海拔1400~2100m 处。

松科　Pinaceae

油松

Pinus tabulaeformis Carrière

区域保护等级	国家保护等级	CITES 附录	中国生物多样性红色名录等级	IUCN 红色名录等级	极小种群物种	国家重点保护农业野生植物
冀			LC	LC		

形态特征　常绿乔木，高可达 25m。树皮灰棕色，呈鳞片状开裂，裂缝红褐色。叶 2 针一束；叶鞘宿存。雌雄同株，雄球花橙黄色，雌球花紫绿色。当年小球果的种鳞顶端有刺，球果卵形，鳞脐有刺。
花 果 期　花期 4~5 月，果期翌年 9~10 月。
全国分布　产于吉林南部、辽宁、河北、河南、山东、山西、内蒙古、陕西、甘肃、宁夏、青海及四川等地区。
区域分布　区域各地均有栽培。
生　　境　生于海拔 100~2600m 地带。喜光，喜干冷气候，在土层肥厚、排水良好的酸性、中性或钙质黄土上均能良好生长。
附　　注　该种拉丁名的种加词应拼写为 *tabuliformis*。

柏科　Cupressaceae

杜松

Juniperus rigida Siebold et Zucc.

区域保护等级	国家保护等级	CITES 附录	中国生物多样性红色名录等级	IUCN 红色名录等级	极小种群物种	国家重点保护农业野生植物
冀、京Ⅱ级			NT	LC		

形态特征　常绿小乔木，枝条伸展，树冠尖塔形，幼枝三棱状。叶 3 枚轮生，条状披针形，坚硬，先端锐尖成刺，正面具有沟槽，槽内有白色气孔带，背面有明显纵棱。球果卵圆形，被白粉，种子卵球形。
花 果 期　花期 5 月，翌年 10 月种子成熟。
全国分布　产于黑龙江、吉林、辽宁、内蒙古、河北北部、山西、陕西、甘肃及宁夏等地区。
区域分布　产于河北蔚县小五台山、涞源县尚庄乡及北京百花山、松山；区域各地有栽培。
生　　境　喜生于向阳湿润的沙质山坡，对土壤要求不严，岩石缝隙间都能生长。

麻黄科　Ephedraceae

木贼麻黄

Ephedra equisetina Bunge

区域保护等级	国家保护等级	CITES 附录	中国生物多样性红色名录等级	IUCN 红色名录等级	极小种群物种	国家重点保护农业野生植物
冀、京Ⅱ级	第二批Ⅱ级		LC			√

形态特征 大直立灌木，分枝较多，无粗糙感，节间短而纤细。叶片膜质鳞状，极小，顶部2裂。雄花序多单生或3~4朵集生于节上，苞片3~4对；雌花序单生，常在节上成对，苞片最上一对上部合生，内有雌花一朵。成熟后多含一粒种子。

花果期 花期4~5月，7~8月种子成熟。

全国分布 产于河北、山西、内蒙古、陕西西部、甘肃及新疆等地区。

区域分布 产于河北西北部宣化、蔚县、小五台山、张家口；北京延庆张山营等。

生　境 在北京生于干旱地区的山脊、山顶及山地岩壁之间，各区、县均有栽培。在河北生于多石山坡上，耐干旱。

麻黄科　Ephedraceae

中麻黄

Ephedra intermedia Schrenk ex Mey.

区域保护等级	国家保护等级	CITES 附录	中国生物多样性红色名录等级	IUCN 红色名录等级	极小种群物种	国家重点保护农业野生植物
冀	第二批 II 级		NT	LC		√

形态特征　小灌木，木质茎粗壮直立或斜升，绿色枝条常被白粉。叶 2~3 片对生或轮生，极小，近膜质。雌雄异株；雄球花有多数密集的雄花，雌球花苞片 3 片一轮或者 2 片交互对生，胚珠具弯曲珠被管。球果红色，种子 3 或 2 粒。

花 果 期　花期 5~6 月，种子 7~8 月成熟。

全国分布　产于辽宁、河北、山东、内蒙古、山西、陕西、甘肃、青海及新疆等地区，以西北各地最为常见。

区域分布　产于河北北部赤峰、围场至东部北戴河一带。

生　　境　生于沙滩、荒漠或干旱山坡、草地上。

麻黄科　Ephedraceae

单子麻黄

Ephedra monosperma Gmél. ex Mey.

区域保护等级	国家保护等级	CITES 附录	中国生物多样性红色名录等级	IUCN 红色名录等级	极小种群物种	国家重点保护农业野生植物
冀、京Ⅱ级			LC	LC		

形态特征　低矮小灌木，近铺地生长，木质茎短小，埋于地下，长而多节，弯曲并有结节状突起，地上部枝丛生。小枝绿色，开展，多弯曲、光滑，节间短。叶2裂，近膜质。雄球花复穗状，单生枝顶或对生节上，苞片3~4对；雌球花单生枝顶或对生于节上，具弯短梗，苞片3对，内有花1枚。成熟后苞片红色，略有白粉，种子1粒，外露，具不等长纵棱。

花 果 期　花期5~6月，果期7~8月。

全国分布　产于黑龙江、河北、山西、内蒙古、新疆、青海、宁夏、甘肃、四川及西藏等地区。

区域分布　产于河北宣化、小五台山；北京门头沟东灵山等地。

生　　境　在北京生于山坡石缝中；在河北生于山上干燥沙质多石之处。

麻黄科　Ephedraceae

草麻黄

Ephedra sinica Stapf

区域保护等级	国家保护等级	CITES 附录	中国生物多样性红色名录等级	IUCN 红色名录等级	极小种群物种	国家重点保护农业野生植物
冀、京Ⅱ级	第二批Ⅱ级		NT	LC		√

形态特征　草本状小灌木，木质茎棕色，短小，小枝细长，圆柱形，淡绿色至黄绿色，具细纵脊线，节明显。叶对生，极小，近膜质。雌雄异株；雄球花有多数密集的雄花，雌球花单生枝顶，正面一对苞片内有雌花 2 朵。球果红色，种子 2 粒。

花果期　花期 5~6 月，8~9 月种子成熟。

全国分布　产于辽宁、吉林、内蒙古、河北、山西、河南西北部及陕西等地区。

区域分布　产于河北西部（怀来、宣化至张家口）；北京延庆、昌平及门头沟。

生　境　在北京生于山坡草地、干燥荒地及沟谷、河床等处；在河北生于多沙的低山坡及平原干燥处。

被子植物

胡桃科　Juglandaceae

河北核桃

Juglans hopeiensis Hu

区域保护等级	国家保护等级	CITES 附录	中国生物多样性红色名录等级	IUCN 红色名录等级	极小种群物种	国家重点保护农业野生植物
冀			LC			

形态特征　乔木，树皮灰白色，有纵裂；嫩枝密被短柔毛，后来脱落变近无毛。奇数羽状复叶，有 7~15 枚小叶；小叶长椭圆形至卵状椭圆形，长达 10~23cm，宽 6~9cm，脉上有短柔毛，边缘有不显明的疏锯齿或近于全缘。雄性柔荑花序长达 24cm，花序轴有稀疏腺毛。雌性穗状花序约具 5 雌花。果序具 1~3 个果实。果实近球状，长约 5cm，径约 4cm，被有疏腺毛或近于无毛，顶端有尖头；果核近于球状，顶端具尖头，有 8 条纵棱脊，其中 2 条较凸出，其余不甚显著，皱曲；内果皮壁厚，具不规则空隙，隔膜厚，亦具 2 个空隙。

花 果 期　花期 5 月，果期 9 月。

全国分布　产于河北怀来；北京门头沟、昌平南口、密云坡头；天津蓟县盘山。

生　　境　生于山坡、河谷等地。

附　　注　本种俗称麻核桃，是文玩核桃的主要对象，在我国已有上千年的收藏历史。*Flora of China* 没有对该名称作记录和处理。相关研究结果表明，河北核桃由核桃与核桃楸杂交形成，与核桃亲缘关系最近。

胡桃科　Juglandaceae

核桃楸

Juglans mandshurica Maxim.

区域保护等级	国家保护等级	CITES 附录	中国生物多样性红色名录等级	IUCN 红色名录等级	极小种群物种	国家重点保护农业野生植物
冀、京 II 级			LC			

形态特征　高大落叶乔木。奇数羽状复叶互生，小叶长椭圆形至椭圆形，幼时多被柔毛、星状毛，老时仅中脉被毛。花单性，雄性柔荑花序细长，下垂，先叶开放；雌性穗状花序，与叶同时开放，柱头鲜红色。果序具 5~7 果实，核果，果核具 8 棱。

花 果 期　花期 5 月，果期 8~9 月。

全国分布　产于黑龙江、吉林、辽宁、河北、山西。

区域分布　产于河北遵化、怀来、太行山南北各县；北京各山区地带；天津蓟县盘山、八仙山等地。

生 　 境　生于山涧溪流两侧和土壤肥沃排水系统良好的山谷、山坡或杂木林中。

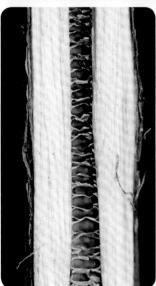

胡桃科　Juglandaceae

核桃

Juglans regia Linn.

区域保护等级	国家保护等级	CITES 附录	中国生物多样性红色名录等级	IUCN 红色名录等级	极小种群物种	国家重点保护农业野生植物
	第二批 II 级		VU	NT		√

形态特征　高大落叶乔木，树皮灰白色。奇数羽状复叶互生，小叶长椭圆形至椭圆形，幼时被柔毛，老时仅中脉被毛。花单性，雄性柔荑花序细长，下垂，先叶开放；雌性穗状花序，与叶同时开放，柱头红色。果序具 5~7 果实，核果，果核具 2 条明显的纵棱。

花 果 期　花期 4~5 月，果期 9~10 月。

全国分布　产于华北、西北、西南、华中、华南和华东地区。

区域分布　河北及北京、天津等地广为栽培。

生　　境　常栽培于低山、向阳山沟地区。

杨柳科　Salicaceae

河北柳

Salix taishanensis var. *hebeinica* C. F. Fang

区域保护等级	国家保护等级	CITES 附录	中国生物多样性红色名录等级	IUCN 红色名录等级	极小种群物种	国家重点保护农业野生植物
冀			LC			

形态特征　直立灌木或小乔木,高 1~3m。枝深褐色,光滑或幼时有微柔毛。芽红褐色,卵圆形。叶近革质,椭圆形或倒卵状椭圆形至宽披针形,长 4~8cm,宽 1.5~3cm,先端渐尖,基部圆楔形,边缘有波状锯齿,正面绿色,背面苍白色,无毛或微有柔毛;叶柄长 5~10mm,淡黄绿色,表面被细柔毛。花序生于有叶的短枝上;雄花序长 1.5~2cm,雄蕊 2,花丝光滑;雌花序长 3~4.5cm,结果时可达 6cm,具短总花梗,苞片长圆形至倒卵形,被长缘毛;腺体 1,腹生;子房具短柔毛,无柄,花柱明显,长于柱头,2裂。蒴果有短柔毛,罕无毛,长 7~10mm。

花 果 期　花期 5 月,果期 6 月。

全国分布　产于河北围场、兴隆雾灵山、遵化东陵、蔚县小五台山、阜平太行山;北京百花山。

区域分布　产于河北围场、兴隆雾灵山、遵化东陵、蔚县小五台山、阜平太行山;北京百花山。

生　　境　生于海拔 1200~2000m 的山坡杨、桦林下,灌丛中或沟边。

桦木科　Betulaceae

铁皮桦

Betula brunnea J. X. Huang

区域保护等级	国家保护等级	CITES 附录	中国生物多样性红色名录等级	IUCN 红色名录等级	极小种群物种	国家重点保护农业野生植物
冀						

形态特征　高大落叶乔木，树皮灰褐色，革质爆裂；小枝无油质点。叶三角形，少有三角状卵形，基部平截，叶尖较短。果序椭圆状矩圆形，长 2~3cm；果苞中裂片长三角形，侧裂片近卵形，微向上弯。小坚果椭圆形，膜质翅与小坚果近等宽。

花 果 期　花期 4~6 月，果期 6~9 月。

全国分布　见于河北木兰围场城子南沟。

区域分布　见于河北木兰围场城子南沟。

生　境　生于杂木林中，海拔 1100m。

附　注　该种最初发表时为白桦的变种 *Betula platyphylla* var. *brunnea* J. X. Huang，采集于河北木兰围场。

桦木科　Betulaceae

千金榆

Carpinus cordata Bl.

区域保护等级	国家保护等级	CITES 附录	中国生物多样性红色名录等级	IUCN 红色名录等级	极小种群物种	国家重点保护农业野生植物
冀			LC	LC		

形态特征　乔木，高约 15m；树皮灰色；小枝棕色或橘黄色。叶厚纸质，卵形或矩圆状卵形，较少倒卵形，长 8~15cm，宽 4~5cm，顶端渐尖，具刺尖，基部斜心形，边缘具不规则的刺毛状重锯齿，背面沿脉疏被短柔毛。果序长 5~12cm，果苞宽卵状矩圆形，全部遮盖小坚果。小坚果矩圆形，长 4~6mm，直径约 2mm。

花 果 期　花期 5 月，果期 9 月。

全国分布　产于东北、华北地区及河南、陕西、甘肃。

区域分布　产于河北丰宁、兴隆、宽城林区、遵化、涞源、赞皇、武安；北京门头沟百花山、海淀金山、密云坡头、平谷；天津蓟县盘山、八仙山八仙桌子林场。

生　　境　生于山地阴坡或山谷杂木林中，有时成小片纯林。

桦木科　Betulaceae

铁木

Ostrya japonica Sarg.

区域保护等级	国家保护等级	CITES 附录	中国生物多样性红色名录等级	IUCN 红色名录等级	极小种群物种	国家重点保护农业野生植物
冀			LC	LC		

形态特征　落叶乔木，树皮暗灰色，粗糙，纵裂；小枝褐色，具细条棱，密被短柔毛。芽长卵圆形，渐尖。叶卵形至卵状披针形，长 3.5~12cm，宽 1.5~5.5cm，顶端渐尖，基部圆形、心形、斜心形或宽楔形；边缘具不规则的重锯齿。雄花序单生叶腋间或 2~4 枚聚生，下垂；花序梗短，长 1~2mm；苞鳞宽卵形，具短尖，边缘密生短纤毛。果 4 至多枚聚生成直立或下垂的总状果序，生于小枝顶端；果序轴全长 1.5~2.5cm；序梗细瘦，长 2~4.5cm，上部密被短柔毛，向下毛渐变疏；果苞膜质，膨胀，倒卵状矩圆形或椭圆形。小坚果长卵圆形，长约 6mm，淡褐色。

花 果 期　花期 4 月，果期 9 月。
全国分布　产于河北、河南、陕西、甘肃及四川西部。
区域分布　产于河北雾灵山和北京雾灵山一带。
生　　境　生于山坡杂木林中。
附　　注　本区的铁木属植物最初由胡先骕以 *Ostrya liana* Hu 发表，后被划为 *Ostrya japonica* Sarg. 的异名，产于雾灵山一带，数量稀少。

桦木科 Betulaceae

虎榛子

Ostryopsis davidiana Decne.

区域保护等级	国家保护等级	CITES 附录	中国生物多样性红色名录等级	IUCN 红色名录等级	极小种群物种	国家重点保护农业野生植物
冀			LC	LC		

形态特征　落叶灌木，高约 1m。叶互生，卵形，边缘重锯齿，密生短柔毛，背面密生腺点。花单性同株，雄花序短圆柱状，腋生；雌花数朵集生，成总状，顶生。小坚果卵球形，果苞囊状，绿色带紫红色，具细棱，密被毛。

花 果 期　花期 4~5 月，果期 8~9 月。

全国分布　产于辽宁西部、内蒙古、河北、山西、陕西、甘肃及四川北部。

区域分布　产于河北承德、围场、遵化、蔚县小五台山、武安；北京密云、怀柔、门头沟、房山等山区。

生　　境　生于向阳山坡或林中。

榆科　Ulmaceae

青檀

Pteroceltis tatarinowii Maxim.

区域保护等级	国家保护等级	CITES 附录	中国生物多样性红色名录等级	IUCN 红色名录等级	极小种群物种	国家重点保护农业野生植物
冀、京Ⅱ级			LC			

形态特征　落叶乔木，树皮淡灰色，长片状剥落。小枝栗褐色或灰褐色，细弱，具柔毛。单叶互生，卵形，三出脉，叶基部全缘，偏斜，先端有锯齿，渐尖至尾尖。花单性，绿色，雌雄同株。坚果椭圆形，边缘具翅。
花果期　花期5月，果期6~7月。
全国分布　产于辽宁、河北、山西、陕西、甘肃南部、青海东南部、山东、江苏、安徽、浙江、江西、福建、河南、湖北、湖南、广东、广西、四川和贵州。
区域分布　产于河北涞水、易县、井陉；北京房山上方山和蒲洼、门头沟妙峰山、昌平。
生　　境　多生于石灰岩低山坡。

榆科　Ulmaceae

脱皮榆

Ulmus lamellosa Wang et S. L. Chang ex L. K. Fu

区域保护等级	国家保护等级	CITES 附录	中国生物多样性红色名录等级	IUCN 红色名录等级	极小种群物种	国家重点保护农业野生植物
冀、京Ⅱ级			VU			

形态特征　落叶乔木，树皮淡灰色，不规则开裂，薄片状剥落，内皮初为淡黄绿色，后变灰，皮孔明显，小枝无木栓翅。叶片倒卵形，基部楔形或圆形，先端尾尖，边缘具单锯齿与重锯齿，叶面粗糙。花常从混合芽发出，花被裂片6。翅果散生于新枝近基部，或少数簇生二年生枝条上。

花 果 期　花期4月，果期5月。

全国分布　分布于河北东陵、涞水、涿鹿，河南济源，辉县，山西沁水等地。

区域分布　产于河北遵化东陵，北京各区县山区均有分布。

生　　境　生于向阳山坡。

桑科　Moraceae

柘树

Cudrania tricuspidata Carrière

区域保护等级	国家保护等级	CITES 附录	中国生物多样性红色名录等级	IUCN 红色名录等级	极小种群物种	国家重点保护农业野生植物
冀、京Ⅱ级			NT	LC		

形态特征　落叶小乔木或灌木，树皮灰褐色，光滑，具刺。叶卵形或鳞状卵形，偶3裂，先端渐尖，基部楔形至圆形，正面深绿色，背面淡绿色。雌雄异株，均为头状花序，单生或成对腋生。聚花果近球形，肉质，熟时橘红色。

花 果 期　花期5~6月，果期9~10月。

全国分布　产于华北、华东、中南、西南各地区（北达陕西、河北）。

区域分布　产于河北灵寿、成安、大名东曹口；北京见于门头沟潭柘寺、北京植物园、房山、平谷等地。

生　　境　生于阳光充足的山坡和灌木林中。

苋科　Amaranthaceae

细枝苋

Amaranthus gracilentus Kung

区域保护等级	国家保护等级	CITES 附录	中国生物多样性红色名录等级	IUCN 红色名录等级	极小种群物种	国家重点保护农业野生植物
冀						

形态特征　一年生草本，高 80~100cm；茎上升或近直立，具棱，从基部分枝，茎和分枝细。叶片匙形或椭圆状倒卵形，长 1~4cm，宽 5~18mm，全缘，无毛，白色；叶柄细，长 1~4mm。花簇具 1 花或少数疏生花，在叶腋及枝顶端成穗状花序，花被片 2 或 3，条形或钻形，长 1mm，透明，有 1 绿色隆起中脉；雄蕊 1~3，比花被片稍长；子房卵形，皱缩，和花被片等长，柱头 2 或 3，钻形，稍弯曲。

花 果 期　花期 9 月。

全国分布　模式标本采于河北井陉。

区域分布　河北井陉。

生　　境　生于在海拔 580m 山坡阴湿处。

附　　注　该种模式标本的产地位于河北井陉县苍岩山。*Flora of China* 中记录其为广布的白苋 *Amaranthus albus* Linn. 的异名。

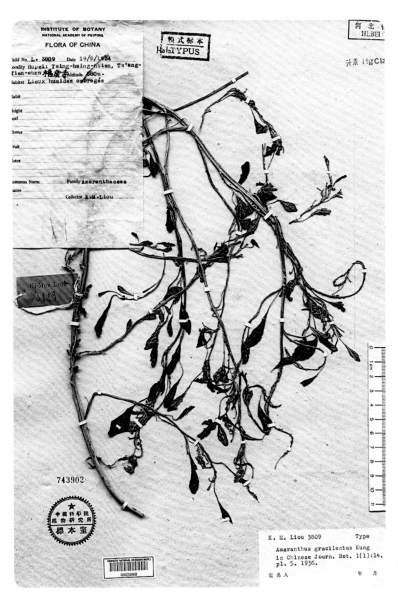

木兰科　Magnoliaceae

天女木兰

Magnolia sieboldii K. Koch

区域保护等级	国家保护等级	CITES 附录	中国生物多样性红色名录等级	IUCN 红色名录等级	极小种群物种	国家重点保护农业野生植物
冀			NT	LC		

形态特征　落叶小乔木，高可达 10m。叶膜质，倒卵形或宽倒卵形，先端骤狭急尖或短渐尖，基部阔楔形、钝圆、平截或近心形。花与叶同时开放，白色，芳香，杯状，盛开时碟状，直径 7~10cm；花梗长 3~7cm，密被褐色及灰白色平伏长柔毛，着生平展或稍垂的花朵；花被片 9，近等大，外轮 3 片长圆状倒卵形或倒卵形，内两轮 6 片，较狭小，基部渐狭成短爪，雄蕊紫红色。聚合果熟时红色，种子心形。

花 果 期　花期 5 月，果期 6~7 月。

全国分布　产于辽宁、安徽、河北、浙江、江西、福建北部、广西。

区域分布　产于河北青龙老岭、宽城都山地区。

生　　境　生于阴坡土壤肥沃、湿润的山谷杂木林中。

附　　注　*Flora of China* 中记录本种拉丁名为 *Oyama sieboldii* (K. Koch) N. H. Xia et C. Y. Wu。

木兰科 Magnoliaceae

五味子

Schisandra chinensis (Turcz.) Baill.

区域保护等级	国家保护等级	CITES 附录	中国生物多样性红色名录等级	IUCN 红色名录等级	极小种群物种	国家重点保护农业野生植物
冀、京Ⅱ级	第二批Ⅱ级		LC			√

形态特征	落叶木质藤本，老枝灰褐色，小枝红褐色。单叶互生，宽椭圆形、卵形、倒卵形或近圆形，边缘具腺状细齿，背面脉腋处幼时被短柔毛。雌雄异株，花单生或簇生叶腋，花柄细长柔弱；花被片 6~9，乳白色或淡红色；心皮多数，离生。果熟时成长穗状聚合果，浆果肉质，紫红色。
花 果 期	花期 5~6 月，果期 8~9 月。
全国分布	产于黑龙江、吉林、辽宁、内蒙古、河北、山西、宁夏、甘肃、山东。
区域分布	产于河北、北京、天津山区，广布。
生　　境	喜生于气候温暖的山地灌丛中。

领春木科　Eupteleaceae

领春木

Euptelea pleiospermum Hook. f. et Thomson

区域保护等级	国家保护等级	CITES 附录	中国生物多样性红色名录等级	IUCN 红色名录等级	极小种群物种	国家重点保护农业野生植物
冀			LC	LC		

形态特征　落叶灌木或小乔木，树皮紫黑色或棕灰色；小枝无毛，紫黑色或灰色；芽卵形，鳞片深褐色，光亮。叶卵形或近圆形，先端渐尖，有 1 突生尾尖，长 1~1.5cm，基部楔形或宽楔形，边缘疏生顶端加厚的锯齿，侧脉 6~11 对；叶柄长 2~5cm，有柔毛后脱落。花丛生；花梗长 3~5mm；雄蕊 6~14，花药红色；心皮 6~12，子房歪。翅果，棕色；种子 1~3 枚，卵形，黑色。

花 果 期　花期 4~5 月，果期 7~8 月。

全国分布　产于河北、山西、河南、陕西、甘肃、浙江、湖北、四川、贵州、云南、西藏。

区域分布　产于河北武安梁沟、涉县。

生　　境　生于阴坡疏林或山谷沟边等阴湿处。

毛茛科　Ranunculaceae

伏毛北乌头

Aconitum kusnezoffii var. *crispulum* W. T. Wang

区域保护等级	国家保护等级	CITES 附录	中国生物多样性红色名录等级	IUCN 红色名录等级	极小种群物种	国家重点保护农业野生植物
冀、京 II 级			NT	LC		

形态特征　茎高 65~150cm，无毛，通常分枝。茎中部叶有稍长柄或短柄；叶片纸质或近革质，五角形，长 9~16cm，宽 10~20cm，基部心形，3 全裂，中央裂片菱形，渐尖，近羽状分裂；叶柄长约为叶片的 1/3~2/3，无毛。顶生总状花序具 9~22 朵花，通常与其下的腋生花序形成圆锥花序；轴无毛，花梗上部或顶端有反曲的短柔毛；下部花梗长 1.8~5cm；小苞片生花梗中部或下部，线形或钻状线形，长 3.5~5mm，宽 1mm；萼片紫蓝色，外面有疏曲柔毛或几无毛，上萼片盔形或高盔形，高 1.5~2.5cm，有短或长喙，下缘长约 1.8cm，侧萼片长 1.4~1.6（~2.7）cm，下萼片长圆形；花瓣无毛，瓣片宽 3~4mm，唇长 3~5mm，距长 1~4mm，向后弯曲或近拳卷；雄蕊无毛，花丝全缘或有 2 小齿；心皮 5，无毛。蓇葖果，种子长约 2.5mm。

花 果 期　花果期 6~9 月。

全国分布　产于河北和东北地区。

区域分布　产于河北赞皇楼底乡。

生　　境　生于阔叶林中、林缘或潮湿山坡。

附　　注　*Flora of China* 中记录该变种分类地位不明确，模式标本采集于河北赞皇楼底乡。

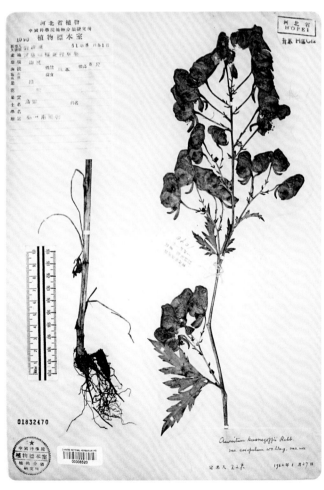

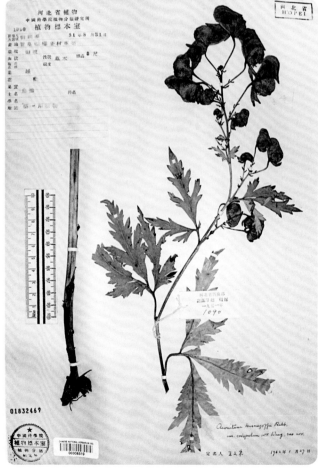

毛茛科　Ranunculaceae

河北乌头（河北白喉乌头）

Aconitum leucostomum var. *hopeiense* W. T. Wang

区域保护等级	国家保护等级	CITES 附录	中国生物多样性红色名录等级	IUCN 红色名录等级	极小种群物种	国家重点保护农业野生植物
冀			DD			

形态特征　高约 1m，中部以下疏被反曲的短柔毛或几无毛，上部有开展的腺毛。基生叶约 1 枚，与茎下部叶具长柄；叶片掌状裂，裂齿宽大，长约 14cm，宽达 18cm，表面无毛或几无毛，背面疏被短曲毛（毛长 0.5~0.8mm）；叶柄长 20~30cm。总状花序长 20~45cm，有多数密集的花；轴和花梗密被开展的淡黄色短腺毛；基部苞片 3 裂，其他苞片线形，比花梗长或近等长；小苞片生花梗中部或下部，狭线形或丝状，长 3~8mm；萼片呈均匀的紫色，外面被短柔毛，上萼片圆筒形；花瓣无毛，距比唇长，稍拳卷。蓇葖果，种子倒卵形。

花 果 期　花果期 6~8 月。

全国分布　产于河北北部；北京密云、延庆等地。

区域分布　产于河北北部；北京密云、延庆等地。

生　　境　生于海拔 900~1500m 山地林边或林下。

毛茛科　Ranunculaceae

银莲花

Anemone cathayensis Kitag.

区域保护等级	国家保护等级	CITES 附录	中国生物多样性红色名录等级	IUCN 红色名录等级	极小种群物种	国家重点保护农业野生植物
冀			LC			

形态特征　多年生草本。叶基生，有长柄，圆肾形，掌状 3 全裂，中央裂片 3 裂；侧裂片不等 3 深裂。聚伞花序，具花 2~5 朵；萼片 5~6，白色或带粉红色，花瓣状，无花瓣，雄蕊多数。瘦果卵圆形，宿存花柱钩状弯曲。

花 果 期　花期 5~6 月，果期 7~9 月。

全国分布　产于山西、河北北部和武安。

区域分布　产于河北和北京山区。

生　　境　生于海拔 1000~2000m 的山坡草地。

毛茛科　Ranunculaceae

长毛银莲花

Anemone narcissiflora var. *crinita* (Juz.)　Kitag.

区域保护等级	国家保护等级	CITES 附录	中国生物多样性红色名录等级	IUCN 红色名录等级	极小种群物种	国家重点保护农业野生植物
冀、京Ⅱ级			LC			

形态特征　多年生草本。集生叶多枚，叶柄长，密被白柔毛；叶片近圆形或五角形，掌状3全裂，裂片又2~3回分裂，两面疏被长柔毛。花莛被长柔毛，总苞片掌状深裂，无柄。花白色，具长花梗。蓇葖果扁圆形，无毛。

花果期　花期5~6月，果期7~9月。

全国分布　产于河北北部、辽宁西部、黑龙江西部。

区域分布　产于河北北部；北京门头沟东灵山、延庆海坨山、玉渡山和密云雾灵山等地。

生　境　生于高山草甸或林下。

附　注　*Flora of China* 中该变种被处理为亚种。

毛茛科 Ranunculaceae

冀北翠雀花

Delphinium siwanense Franch.

区域保护等级	国家保护等级	CITES 附录	中国生物多样性红色名录等级	IUCN 红色名录等级	极小种群物种	国家重点保护农业野生植物
冀			EN			

形态特征 茎高约 1m，无毛，多分枝。叶片五角形，3 全裂近基部，中央全裂片 3 深裂或不裂，侧全裂片扇形，不等 2 深裂，两面均被白色短伏毛；叶柄长 4.5~10cm。伞房花序有 2~7 花，顶端 5~6 朵常排列成伞状；苞片 3 裂或不裂而呈线形；花梗长 1.5~3cm，密被反曲而贴伏的白色短柔毛；萼片宿存，蓝紫色，椭圆状卵形，外面被短柔毛，距钻形；花瓣上部黑褐色，无毛；退化雄蕊的瓣片黑褐色，有时上部蓝色，2 浅裂，腹面中央有淡黄色髯毛。蓇葖果，种子圆锥形。

花 果 期 花果期 7~9 月。

全国分布 产于河北北部。

区域分布 产于河北北部。

生　　境 北京生于海拔 1300~2100m 的山地草坡；河北生于海拔 1250~2100m 的山坡草地或河滩灌丛中。

附　　注 该种有原变种细须翠雀花 *Delphinium siwanense* var. *siwanense* Franchet 和冀北翠雀花 *Delphinium siwanense* var. *albopuberulum* W. T. Wang 两个变种，前者广布，后者仅分布于河北北部。

毛茛科　Ranunculaceae

芍药

Paeonia lactiflora Pall.

区域保护等级	国家保护等级	CITES 附录	中国生物多样性红色名录等级	IUCN 红色名录等级	极小种群物种	国家重点保护农业野生植物
冀			LC			

形态特征　多年生草本。根粗壮，分枝黑褐色。茎高 40~70cm，无毛。下部茎生叶为二回三出复叶，上部茎生叶为三出复叶；小叶狭卵形，椭圆形或披针形，顶端渐尖，基部楔形。花数朵，生茎顶和叶腋，有时仅顶端一朵开放；花瓣 9~13，倒卵形，长 3.5~6cm，宽 1.5~4.5cm，白色，有时基部具深紫色斑块。蓇葖果长 2.5~3cm，直径 1.2~1.5cm，顶端具喙。

花 果 期　花期 5~6 月，果期 9 月。

全国分布　分布于东北、华北地区及陕西、甘肃南部。

区域分布　产于河北赤城；北京延庆海坨山；天津蓟县。此外区域各市县均有栽培。

生　　境　生于山坡、山沟、杂木林下。

毛茛科　Ranunculaceae

草芍药

Paeonia obovata Maxim.

区域保护等级	国家保护等级	CITES 附录	中国生物多样性红色名录等级	IUCN 红色名录等级	极小种群物种	国家重点保护农业野生植物
京 II 级			LC			

形态特征　多年生草本，茎基部生数枚鞘状鳞片。叶 2~3 片，最下部叶片为二回三出复叶，上部为三出复叶或单
叶，顶生小叶倒卵形或宽椭圆形，较大，侧生叶片较小。花顶生，淡红色，心皮 2~4。蓇葖果弯月形。
花 果 期　花期 5~7 月，果期 9~10 月。
全国分布　分布于四川东部、贵州、湖南西部、江西、浙江、安徽、湖北、河南西北部、陕西南部、宁夏南部、
山西、河北及东北地区。
区域分布　产于河北沽源、青龙、滦平、隆化、宽城、承德、兴隆雾灵山、迁西、涞源、阜平、易县、内丘、武
安；北京见于门头沟百花山、密云坡头、怀柔喇叭沟门、延庆海坨山等地。
生　　境　生于山坡林缘、杂木林下或草坡。

毛茛科　Ranunculaceae

白头翁

Pulsatilla chinensis (Bunge) Regel

区域保护等级	国家保护等级	CITES 附录	中国生物多样性红色名录等级	IUCN 红色名录等级	极小种群物种	国家重点保护农业野生植物
冀			LC			

形态特征　宿根草本，全株密被白色长柔毛，株高10~40cm，基生叶4~5片，3全裂，有时为三出复叶。花单朵顶生，径3~4cm；萼片花瓣状，6片排成两轮，蓝紫色，外被白色柔毛；雄蕊、心皮多数，鲜黄色。聚合瘦果，密集成头状，花柱宿存，银丝状。

花 果 期　花期4~5月，果期6~7月。

全国分布　广布于东北至西南地区及四川等地。

区域分布　广布区域内各区县。

生　　境　生于山坡、平原平地、干草坡等向阳地。

毛茛科　Ranunculaceae

宽瓣金莲花

Trollius asiaticus Linn.

区域保护等级	国家保护等级	CITES 附录	中国生物多样性红色名录等级	IUCN 红色名录等级	极小种群物种	国家重点保护农业野生植物
冀						

形态特征　植株全体无毛，茎高 25~50cm，不分枝或上部分枝。叶片五角形，长约 4.5cm，宽达 8.5cm，基部心形，3 全裂，中央全裂片菱形，3 中裂，边缘有缺刻状尖牙齿，侧全裂片不等 2 裂近基部。花单生茎或分枝顶端，萼片黄色，全缘或顶端有不整齐小齿；花瓣比雄蕊长，比萼片稍短，匙状线形，长 0.4~1.6cm，从基部向上渐变宽，中上部最宽，宽 2~3.5mm，顶部向上渐变狭；雄蕊长约 10mm，花药长达 3mm；心皮约 30。蓇葖果，长 8~9mm，喙长 0.5~1.5mm。

花 果 期　花果期 6~8 月。

全国分布　产于黑龙江（尚志）、新疆（哈密）。

区域分布　河北、北京高海拔地区。

生　　境　生于高海拔区域草甸地带。

附　　注　该种分布于黑龙江、新疆和西伯利亚地区。北京、河北的相关标本（如下所示标本）被鉴定为本种，但其鉴定准确性有待确认。本区域是否产宽瓣金莲花也有待深入调查。

毛茛科　Ranunculaceae

金莲花

Trollius chinensis Bunge

区域保护等级	国家保护等级	CITES 附录	中国生物多样性红色名录等级	IUCN 红色名录等级	极小种群物种	国家重点保护农业野生植物
冀			LC			

形态特征	多年生草本，高 50~70cm。全株无毛。基生叶具长柄，近五角形，3 全裂；茎生叶互生，5 全裂，裂片再裂并有锐锯齿。花金黄色，单生茎顶，直径 4~6cm；萼片多数，花瓣状；花瓣多数，线形；雄蕊多数。蓇葖果。
花 果 期	花期 6~7 月，果期 7~9 月。
全国分布	分布于山西、河南北部、河北、内蒙古东部、辽宁和吉林的西部。
区域分布	产于河北兴隆雾灵山、赤城黑龙山、蔚县小五台山、平山坨梁山、涞源甸子山；北京密云坡头、门头沟百花山、房山、怀柔喇叭沟门孙栅子。
生　　境	生于海拔 800~2200m 山地草坡或疏林下。

小檗科　Berberidaceae

类叶牡丹

Caulophyllum robustum Maxim.

区域保护等级	国家保护等级	CITES 附录	中国生物多样性红色名录等级	IUCN 红色名录等级	极小种群物种	国家重点保护农业野生植物
京Ⅱ级			LC			

形态特征　多年生草本，较高。叶互生，二至三回三出复叶，小叶片卵形、长椭圆形或阔披针形，全缘。圆锥花序顶生，花黄绿色，小，花瓣6，蜜腺状。种子球形，具蓝色肉质种皮。

花　果　期　花期6~7月，果期7~8月。

全国分布　产于黑龙江、吉林、辽宁、山西、陕西、甘肃、河北、河南、湖南、湖北、安徽、浙江、四川、云南、贵州、西藏。

区域分布　产于河北赤城龙关、兴隆雾灵山、遵化东陵、涞水、阜平、平山、内丘；北京延庆、密云和怀柔；天津蓟县山地。

生　　境　生于林下及山沟阴湿处、林缘、灌丛、草丛。

莲科　Nelumbonaceae

莲

Nelumbo nucifera Gaertn.

区域保护等级	国家保护等级	CITES 附录	中国生物多样性红色名录等级	IUCN 红色名录等级	极小种群物种	国家重点保护农业野生植物
冀	第一批 II 级					√

形态特征　多年生水生草本，根状茎横生，肥厚，节间膨大，内有多数纵行通气孔道，节部缢缩，上生黑色鳞叶，下生须状不定根。叶圆形，盾状，直径 25~90cm，全缘稍呈波状；叶柄粗壮，圆柱形，中空，外面散生小刺。花梗与叶柄等长或比叶柄稍长，也散生小刺；花直径 10~20cm，美丽，芳香；花瓣红色、粉红色或白色；花托（莲房）直径 5~10cm。坚果椭圆形或卵形，长 1.8~2.5cm，果皮革质，坚硬，熟时黑褐色；种子（莲子）卵形或椭圆形，长 1.2~1.7cm，种皮红色或白色。

花 果 期　花期 6~8 月，果期 8~10 月。

全国分布　产于我国南北各地。

区域分布　北京、天津、河北均有栽培。

生　　境　生于池塘或水田中。

狝猴桃科　Actinidiaceae

狗枣狝猴桃

Actinidia kolomikta (Maxim. et Rupr.) Maxim.

区域保护等级	国家保护等级	CITES 附录	中国生物多样性红色名录等级	IUCN 红色名录等级	极小种群物种	国家重点保护农业野生植物
冀、京Ⅱ级	第二批Ⅱ级		LC			√

形态特征　落叶藤本，树皮片状开裂脱落；髓片状，褐色。叶片纸质，卵形至长圆形，稀心形，较大，两侧不对称，边缘具锯齿。雌雄异株，聚伞花序，花白色或玫瑰红色，花药黄色。浆果，具宿存花萼。
花果期　花期 5~7 月，果期 9~10 月。
全国分布　产于黑龙江、吉林、辽宁、河北、四川、云南等地。其中以东北三省最盛，四川其次。
区域分布　产于河北青龙、承德等地。
生　　境　生于海拔 300~800m 的山坡杂林木中、林缘及沟谷。
附　　注　虽然《北京植物志》记载北京有该种分布，但是依据野外调查和馆藏标本来看，应为葛枣狝猴桃*Actinidia polygama* (Sieb. et Zucc.) Maxim. 。

猕猴桃科　Actinidiaceae

葛枣猕猴桃

Actinidia polygama (Sieb. et Zucc.) Maxim.

区域保护等级	国家保护等级	CITES 附录	中国生物多样性红色名录等级	IUCN 红色名录等级	极小种群物种	国家重点保护农业野生植物
无	第二批 II 级		LC			√

形态特征　落叶藤本，树皮片状开裂脱落；实心髓。叶片纸质，初期有白斑，卵形至长圆形，稀心形，较大，两侧不对称，边缘具锯齿。雌雄异株，聚伞花序，花白色，花药黄色。浆果，具宿存花萼。

花 果 期　花期 5~6 月，果期 9~10 月。

全国分布　产于黑龙江、吉林、辽宁、甘肃、陕西、河北、河南、山东、湖北、湖南、四川、云南、贵州等地。

区域分布　产于河北青龙、承德；北京昌平；天津蓟县。

生　　境　生于海拔 300~800m 的山坡杂林木中、林缘及采伐迹地，常与软枣猕猴桃混生。

罂粟科　Papaveraceae

房山紫堇

Corydalis fangshanensis W. T. Wang ex S. Y. He

区域保护等级	国家保护等级	CITES 附录	中国生物多样性红色名录等级	IUCN 红色名录等级	极小种群物种	国家重点保护农业野生植物
京 II 级			VU			

形态特征	多年生草本，主根发达，茎从基部发出，多分枝。叶片一至二回羽状全裂，小裂片椭圆形，先端钝圆，两面光滑。花序总状，花少，花瓣白色或淡蓝紫色。蒴果，微弯曲成镰刀状或直伸，种子间稍收缩。
花 果 期	花果期 5~7 月。
全国分布	产于北京、河北、山西、河南等地。
区域分布	产于河北平山、赞皇、邯郸；北京见于房山上方山、十渡等地。
生　　境	常生于砖石缝中、沟边或坡地。

罂粟科　Papaveraceae

小五台紫堇

Corydalis pauciflora var. *alaschanica* Maxim.

区域保护等级	国家保护等级	CITES 附录	中国生物多样性红色名录等级	IUCN 红色名录等级	极小种群物种	国家重点保护农业野生植物
冀			NT			

形态特征　块茎长圆形，长 10~20mm，基部分裂或不分裂。茎直立，长 10~18cm，下部具 1~3 鳞片，上部具 2~3 叶，不分枝或具腋生的退化小枝或小叶。叶具长柄，基部鞘状宽展，三出，正面绿色或淡苍白色，背面明显苍白色，小叶无柄，深裂成 2~3 枚倒卵形裂片，有时裂片再浅裂成彼此叠压的小裂片。花序轴长 4~8cm，较粗壮，花序密具 2~5 花。苞片长 5~10mm，宽倒卵形。花梗长 3~6mm，果期直立。花浅紫色，近俯垂。外花瓣急尖，具浅鸡冠状突起。上花瓣长 1.8~2cm；距长 1~1.2cm，直或轻微下弯；蜜腺体约占距长的 2/3，末端钝。下花瓣具宽而浅的囊。内花瓣长 7~8mm。柱头近四方形，较浅，顶端具 4 乳突，侧面具 2 双生的乳突。蒴果自果梗顶端俯垂，倒卵圆形，长 8~12mm，宽 3~5mm，具长约 1.5mm 的花柱和 4~10 枚种子。

花果期　花果期 5~6 月。
全国分布　产于河北西北部、山西东北部。模式标本采自河北蔚县小五台山。
区域分布　产于河北蔚县小五台山。
生　境　生于海拔 2000~3000m 的山坡。
附　注　据 *Flora of China* 记载，本种为贺兰山延胡索 *Corydalis alaschanica* (Maximowicz) Peschkova 的异名，本区域无分布。产于河北的应为五台山延胡索 *Corydalis hsiaowutaishanensis* T. P. Wang，见彩图。

罂粟科　Papaveraceae

野罂粟

Papaver nudicaule ssp. *rubro-aurantiacum* var. *chinense* Fedde

区域保护等级	国家保护等级	CITES 附录	中国生物多样性红色名录等级	IUCN 红色名录等级	极小种群物种	国家重点保护农业野生植物
冀			DD			

形态特征	多年生草本，高 30~50cm。具白色乳汁，全株有硬伏毛。叶基生，有长柄，羽状深裂。花单生于长花梗顶端；萼片 2，早落，花瓣 4 片，橘黄色，倒卵形。蒴果卵圆形，顶孔开裂。
花　果　期	花期 6~7 月，果期 8 月。
全国分布	产于河北、山西、内蒙古、黑龙江、陕西、宁夏、新疆等地。
区域分布	广布于京津冀山区。
生　　　境	北京生于山坡、溪边草地或亚高山草甸；河北生于高山草地上。
附　　　注	*Flora of China* 中野罂粟不再设种下等级，该名称记载为野罂粟 *Papaver nudicaule* Linn. 的异名。

十字花科　Brassicaceae

雾灵香花芥

Hesperis oreophila Kitagawa

区域保护等级	国家保护等级	CITES 附录	中国生物多样性红色名录等级	IUCN 红色名录等级	极小种群物种	国家重点保护农业野生植物
冀			LC			

形态特征 二年生草本，株高 10~60cm。疏生硬毛。叶互生，长圆状椭圆形或狭卵形，边缘有不等尖锯齿。总状花序顶生；花瓣 4，倒卵形，紫色，具长爪，雄蕊 6，四强雄蕊。长角果线形，直立，几不开裂。

花果期 花果期 6~9 月。

全国分布 产于辽宁、河北、新疆等地。

区域分布 产于河北北部高山地区；北京门头沟、密云和延庆高山地区。

生　　境 生于高山草甸区域。

附　　注 *Flora of China* 中记载本种为北香花芥 *Hesperis sibirica* Linn. 的异名。

景天科 Crassulaceae

小丛红景天

Rhodiola dumulosa (Franch.) S. H. Fu

区域保护等级	国家保护等级	CITES 附录	中国生物多样性红色名录等级	IUCN 红色名录等级	极小种群物种	国家重点保护农业野生植物
冀、京 II 级	第二批 II 级		LC			

形态特征 多年生草本，较低矮。根状茎粗壮块状，有少数分枝，地上部分常有残留老枝。叶互生，线形至宽线形，短小，基部无柄，先端稍尖，全缘。聚伞花序顶生，红色或者白色，花药黄色。蓇葖果小，种子具狭翅。

花 果 期 花期6~7月，果期8月。

全国分布 产于四川西北部、青海、甘肃、陕西、湖北、山西、河北、内蒙古、吉林。

区域分布 产于河北蔚县小五台山、兴隆雾灵山；北京门头沟百花山、延庆海坨山等地。

生 　 境 北京生于海拔 1600~2000m 高山山坡及高山的石隙中；河北生于山坡石上。

景天科　Crassulaceae

狭叶红景天

Rhodiola kirilowii (Regel) Maxim.

区域保护等级	国家保护等级	CITES 附录	中国生物多样性红色名录等级	IUCN 红色名录等级	极小种群物种	国家重点保护农业野生植物
京Ⅱ级	第二批Ⅱ级		LC			

形态特征　多年生草本，根状茎粗壮，先端有多数膜质鳞片，茎直立。叶互生，窄长披针形，较长，先端急尖，叶缘上部有疏锯齿或近全缘，无柄或基部有极短柄。雌雄异株，伞房花序顶生，花密集，黄绿色，花药黄色。蓇葖果披针形，种子长圆状披针形。

花 果 期　花期6~8月，果期7~8月。

全国分布　产于西藏、云南、四川、新疆、青海、甘肃、陕西、山西、河北。

区域分布　产于河北兴隆、蔚县、阜平；北京门头沟百花山、密云雾灵山、延庆海坨山。

生　　境　生于山地多石草地上。

景天科　Crassulaceae

红景天

Rhodiola rosea Linn.

区域保护等级	国家保护等级	CITES 附录	中国生物多样性红色名录等级	IUCN 红色名录等级	极小种群物种	国家重点保护农业野生植物
冀、京Ⅱ级	第二批Ⅱ级		VU			

形态特征　多年生草本，株高 15~35cm。根粗壮，直立或倾斜，幼根表面淡黄色，老根表面褐色至棕褐色，具脱落栓皮。叶无柄，长圆状匙形、长圆状菱形或长圆状披针形，边缘具粗锯齿，下部近全缘。聚伞花序顶生，密集，花黄色。蓇葖果披针形或线状披针形，具外弯短喙。

花 果 期　花期 4~6 月，果期 7~9 月。

全国分布　产于新疆、山西、河北、吉林。

区域分布　产于河北北部；北京门头沟百花山、东灵山等地。

生　　境　生于山地林下，草坡或近河沟处。

景天科 Crassulaceae

承德东爪草

Tillaea mongolica (Franch.) S. H. Fu

区域保护等级	国家保护等级	CITES 附录	中国生物多样性红色名录等级	IUCN 红色名录等级	极小种群物种	国家重点保护农业野生植物
冀			DD			

形态特征 一年生小草本，无毛，高 2.5~5cm。茎上升，自中部分枝。叶对生，披针形，长 2~3mm，基部合生，常反折。花单生叶腋，萼片 4，披针形，钝，直立，里面有紫色条纹；花瓣 4，较萼片短，有褐色条纹，基部合生，先端兜状；雄蕊 4，对萼片着生，花药卵形；鳞片 4，宽倒圆锥形，长为心皮的 1/4；心皮 4，浅囊状膨大，花柱短渐尖；种子 7~8，卵形，黄色，密被圆瘤点。

全国分布 产于河北承德。
区域分布 产于河北承德。
生　　境 生于池塘旁。
附　　注 该种模式标本采集于河北承德，生在池塘旁边。国内志书将其处理为东爪草属物种，在国外文献中其被处理为青锁龙属 *Crassula* 一个广布于南美洲、南非、大洋洲和蒙古国的物种 *Crassula decumbens* Thunb. 的异名。

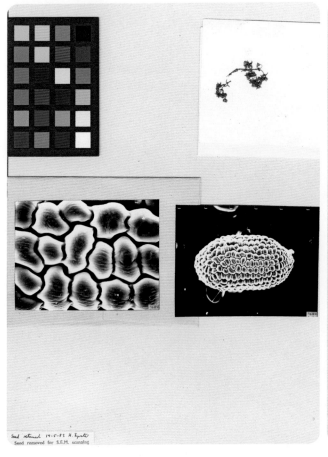
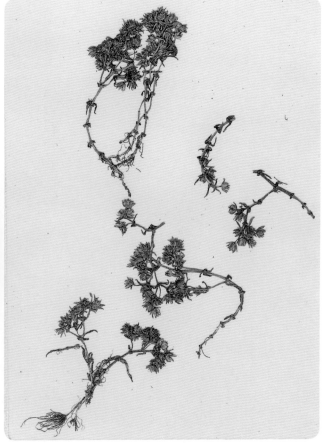

薔薇科　Rosaceae

水榆花楸

Sorbus alnifolia (Sieb. et Zucc.)　K. Koch

区域保护等级	国家保护等级	CITES 附录	中国生物多样性红色名录等级	IUCN 红色名录等级	极小种群物种	国家重点保护农业野生植物
京 II 级			LC			

形态特征　落叶乔木，小枝圆柱形，具灰白色皮孔。叶片卵形至椭圆卵形，边缘具不整齐尖锐重锯齿，叶两面无毛或仅在背面中脉、侧脉上微具短柔毛。复伞房花序较疏松，总花梗、小花梗具稀疏柔毛，花较小，白色。果实椭圆形或卵形，红色或黄色。

花 果 期　花期 5 月，果期 8~10 月。

全国分布　产于黑龙江、吉林、辽宁、河北、河南、陕西、甘肃、山东、安徽、湖北、江西、浙江、四川。

区域分布　产于河北遵化东陵、蔚县小五台山、易县西陵、赞皇、内丘；北京昌平、延庆、怀柔和密云等地；天津蓟县。

生　　境　生于山地、山沟杂木林或灌丛中。

蔷薇科 Rosaceae

绣线菊

Spiraea salicifolia Linn.

区域保护等级	国家保护等级	CITES 附录	中国生物多样性红色名录等级	IUCN 红色名录等级	极小种群物种	国家重点保护农业野生植物
冀			LC			

形态特征 直立灌木，高 1~2m；枝条密集，小枝稍有棱角，黄褐色，嫩枝具短柔毛，老时脱落。叶片长圆披针形至披针形，长 4~8cm，宽 1~2.5cm，先端急尖或渐尖，基部楔形，两面无毛。花序为长圆形或金字塔形的圆锥花序，被细短柔毛，花朵密集；花梗长 4~7mm；花直径 5~7mm，花瓣卵形，先端通常圆钝，粉红色；雄蕊 50，约长于花瓣 2 倍。蓇葖果直立，无毛或沿腹缝有短柔毛。

花 果 期 花期 6~8 月，果期 8~9 月。

全国分布 产于黑龙江、吉林、辽宁、内蒙古、河北。

区域分布 产于河北围场红泉牧场。

生　境 生于山沟中或河流沿岸空旷地。

蔷薇科　Rosaceae

太行花

Taihangia rupestris Yü et Li

区域保护等级	国家保护等级	CITES 附录	中国生物多样性红色名录等级	IUCN 红色名录等级	极小种群物种	国家重点保护农业野生植物
	第二批 II 级		EN			√

形态特征　多年生草本。根茎粗壮，根深长。基生叶为单叶，有时叶柄上部有 1~2 极小的裂片，卵形或椭圆形，长 2.5~10cm，宽 2~8cm，顶端圆钝，基部截形或圆形，稀阔楔形，边缘有粗大钝齿或波状圆齿，正面绿色，无毛，背面淡绿色，几无毛或在叶基部脉上有极稀疏柔毛；叶柄长 2.5~10cm，无毛或被稀疏柔毛。花雄性和两性同株或异株，单生花葶顶端，稀 2 朵，花开放时直径 3~4.5cm；萼筒陀螺形，无毛，萼片浅绿色或常带紫色，卵状椭圆形或卵状披针形，顶端急尖至渐尖；花瓣白色，倒卵状椭圆形，顶端圆钝；雄蕊多数，着生在萼筒边缘；雌蕊多数，被疏柔毛，螺旋状着生在花托上，在雄花中数目较少，不发育且无毛；花柱被短柔毛，延长达 14~16mm，仅顶端无毛，柱头略扩大；花托在果时延长，达 10mm，纤细柱状，直径约 1mm。瘦果长 3~4mm，被疏柔毛。

花果期　花果期 5~8 月。

全国分布　产于河南北部、河北。

区域分布　产于河北武安列江乡梁沟村东岭沟、列江村申皎沟。

生　　境　生于山崖石壁，阴坡及石灰岩峭壁石缝中，海拔 1060~1400m。

蔷薇科　Rosaceae

缘毛太行花

Taihangia rupestris var. *ciliata* Yü et Li

区域保护等级	国家保护等级	CITES 附录	中国生物多样性红色名录等级	IUCN 红色名录等级	极小种群物种	国家重点保护农业野生植物
冀			CR			√

形态特征　本变种与原变种不同在于，叶片呈心状卵形，稀三
角卵形，大多数基部呈微心形，边缘锯齿常较多而
深，有时微浅裂，显著具缘毛，叶柄显著被疏柔毛。
花 果 期　花果期 5~8 月。
全国分布　产于河北武安。
区域分布　产于河北武安。
生　　境　生于阴坡山崖石壁上，海拔 1000~1201m。

豆科　Fabaceae

野大豆

Glycine soja Sieb. et Zucc.

区域保护等级	国家保护等级	CITES 附录	中国生物多样性红色名录等级	IUCN 红色名录等级	极小种群物种	国家重点保护农业野生植物
冀	第一批 II 级		LC			√

形态特征　一年生缠绕藤本，全株密被黄色长硬毛，茎匍匐或缠绕，长 2~3m。三出羽状复叶，长卵形或椭圆形，托叶卵状披针形。总状花序腋生，苞片披针形；花萼钟形，5 浅裂；花瓣蝶形，淡紫色，少有白色。荚果长圆形，密被黄褐色硬毛，种子之间缢缩。
花 果 期　花期 6~8 月，果期 7~9 月。
全国分布　除新疆、青海和海南外，遍布全国。
区域分布　京津冀地区广布。
生　　境　生于河岸、沼泽地附近、湿草地及灌木丛中。

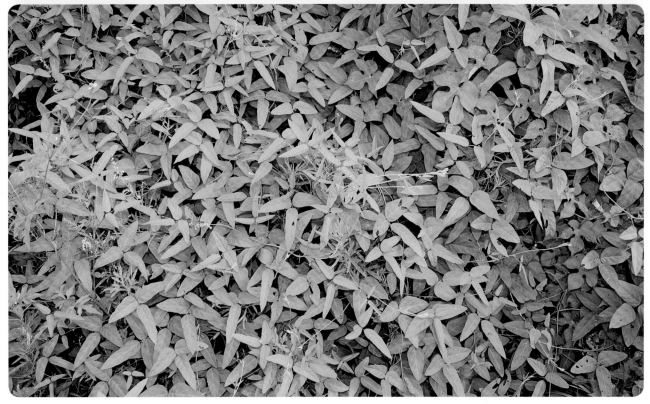

豆科 Fabaceae

甘草

Glycyrrhiza uralensis Fisch. ex DC.

区域保护等级	国家保护等级	CITES 附录	中国生物多样性红色名录等级	IUCN 红色名录等级	极小种群物种	国家重点保护农业野生植物
京 II	第二批 II 级		LC			√

形态特征 多年生草本，植株较高大，根粗壮，有甜味；茎直立，基部木质化，全株被白色短毛和鳞片状、点状及刺毛状腺体。奇数羽状复叶，小叶卵形或宽卵形，两面有毛和腺体。总状花序密集、腋生，花蓝紫色或紫红色。荚果条状长圆形，弯曲成镰刀状或环行，密生短毛和腺体。

花果期 花期7~8月，果期8~9月。

全国分布 产于东北、华北、西北各地区及山东。

区域分布 产于河北围场、涿鹿、宣化、张家口、蔚县；北京密云、延庆、昌平、海淀、门头沟、房山、大兴；天津蓟县、武清、永清。

生　　境 生于干旱沙地、河岸沙质地、山坡草地及盐渍化土壤中。

豆科 Fabaceae

朝鲜槐

Maackia amurensis Rupr. et Maxim.

区域保护等级	国家保护等级	CITES 附录	中国生物多样性红色名录等级	IUCN 红色名录等级	极小种群物种	国家重点保护农业野生植物
冀			LC	LC		

形态特征 落叶乔木，高可达 15m，树皮淡绿褐色，薄片剥裂。枝紫褐色，有褐色皮孔，幼时有毛，后光滑。羽状复叶，长 16~20.6cm；小叶 3~5 对，对生或近对生，纸质、卵形、倒卵状椭圆形或长卵形，先端钝，短渐尖，基部阔楔形或圆形，幼叶两面密被灰白色毛，后脱落。总状花序 3~4 个集生，长 5~9cm；总花梗及花梗密被锈褐色柔毛；花蕾密被褐色短毛，花密集；花冠白色。荚果扁平，种子褐黄色。

花 果 期 花期 6~8 月，果期 8~10 月。

全国分布 产于黑龙江、吉林、辽宁、内蒙古、河北、山东。

区域分布 据文献记载河北有分布（未见标本）；北京、天津有栽培。

生 境 生于土壤肥沃湿润的山坡林内或林缘。

豆科 Fabaceae

贼小豆

Vigna minima (Roxburgh) Ohwi et H. Ohashi

区域保护等级	国家保护等级	CITES 附录	中国生物多样性红色名录等级	IUCN 红色名录等级	极小种群物种	国家重点保护农业野生植物
冀			LC	LC		

形态特征 一年生缠绕草本。茎纤细，有分支。羽状复叶具 3 小叶，顶生小叶卵形或长圆状卵形，先端渐尖，基部圆形，全缘，两面疏生硬毛，侧生小叶斜卵形，比顶生小叶略小。总状花序腋生，长 3~9cm，有花 1~3 朵；花梗短，花冠淡黄色，长约 1cm。荚果细圆柱形，长 4~7cm，含种子 10 多枚，成熟时为绿色或黄褐色。

花 果 期 花期 7~8 月，果期 8~9 月。

全国分布 产于我国北部、东南部至南部地区。

区域分布 产于河北北戴河、昌黎；北京见于密云、昌平、海淀等地；天津近郊及各县。

生　　境 生于溪边、堤岸、山坡、灌丛中及稍湿的沙质草地上。

附　　注 《河北省重点保护野生植物名录》中记录本种名称为 *Phaseolus minimus* Roxb.。该种因花中龙骨瓣扭转，《中国植物志》、*Flora of China* 将其从菜豆属 *Phaseolus* Linn. 移至豇豆属 *Vigna* Savi。

芸香科　Rutaceae

白鲜

Dictamnus dasycarpus Turcz.

区域保护等级	国家保护等级	CITES 附录	中国生物多样性红色名录等级	IUCN 红色名录等级	极小种群物种	国家重点保护农业野生植物
京 II 级			LC			

形态特征　多年生草本，根肉质粗长；茎直立，全株有强烈臭味。奇数羽状复叶，常密集生于茎中部，小叶卵状披针形或距圆状披针形，无柄，边缘有锯齿，正面密被油点，沿叶脉被柔毛，老时脱落。总状花序顶生，花大，淡红色或淡紫色，稀白色；花丝细长，伸出花瓣外。蒴果 5 裂，背面密被棕色腺点及白色柔毛。

花 果 期　花期 5~7 月，果期 7~9 月。

全国分布　产于黑龙江、吉林、辽宁、内蒙古、河北、山东、河南、山西、宁夏、甘肃、陕西、新疆、安徽、江苏、江西北部、四川等地区。

区域分布　产于河北承德、围场、丰宁、赤城、宣化、张家口等地；北京见于延庆海坨山；天津蓟县。

生　　境　生于山坡、林下、林缘及草间、草甸。

芸香科　Rutaceae

黄檗

Phellodendron amurense Rupr.

区域保护等级	国家保护等级	CITES 附录	中国生物多样性红色名录等级	IUCN 红色名录等级	极小种群物种	国家重点保护农业野生植物
冀	第一批 II 级		VU			

形态特征　多年生落叶乔木，树皮外层为木栓层，浅灰褐色，深沟裂，内部鲜黄色。奇数羽状复叶对生，小叶卵圆形或宽披针形，幼叶疏被毛，老叶光滑。聚伞状圆锥花序顶生，雌雄异株；萼片5，卵状三角形；花瓣5，淡绿色，长圆形；雄蕊5，基部被毛。浆果状核果球形，黑色。

花 果 期　花期5~7月，果期7~10月。

全国分布　主产于东北和华北各地，河南、安徽北部、宁夏也有分布，内蒙古有少量栽种。

区域分布　产于河北秦皇岛、承德、遵化、丰宁、迁西、赤城、完县；北京门头沟、房山、密云、平谷、延庆、怀柔、昌平；天津蓟县盘山、下营（黄崖关）、小港、八仙山等地。

生　　境　生于山地杂林中。

芸香科 Rutaceae

崖椒

Zanthoxylum schinifolium Sieb. et Zucc.

区域保护等级	国家保护等级	CITES 附录	中国生物多样性红色名录等级	IUCN 红色名录等级	极小种群物种	国家重点保护农业野生植物
京 II 级			LC			

形态特征 灌木，树皮暗灰色，具刺。奇数羽状复叶互生，小叶多，披针形或椭圆状披针形，缘有细锯齿，齿缝有透明油点。伞房状圆锥花序顶生，花小而多，青色。蓇葖果球形，具瘤状突起，种子光滑。

花 果 期 花期 6~7 月，果期 9~10 月。

全国分布 产于五岭以北、辽宁以南大多数地区。

区域分布 产于河北秦皇岛市、北戴河；北京房山、平谷；天津蓟县。

生　　境 生于山地灌丛林或疏林中、坡地或岩石旁。

远志科 Polygalaceae

远志

Polygala tenuifolia Willd.

区域保护等级	国家保护等级	CITES 附录	中国生物多样性红色名录等级	IUCN 红色名录等级	极小种群物种	国家重点保护农业野生植物
冀			LC			

形态特征 多年生草本，高 15~40cm。茎多数丛生。叶互生，线形，全缘。总状花序顶生，常偏向一侧；花稀疏，淡蓝色；萼片 5，宿存，花瓣 3，中央 1 瓣顶端具流苏状附属物，雄蕊结合成管。蒴果近圆形，顶端凹陷。

花果期 花期 5~7 月，果期 6~9 月。

全国分布 产于东北、华北、西北和华中地区以及四川。

区域分布 广布于河北、北京、天津各地区。

生　境 生于山坡、草地、田边、道旁、灌丛及杂木林下。

漆树科　Anacardiaceae

黄连木

Pistacia chinensis Bunge

区域保护等级	国家保护等级	CITES 附录	中国生物多样性红色名录等级	IUCN 红色名录等级	极小种群物种	国家重点保护农业野生植物
冀			LC			

形态特征　落叶乔木，树皮暗褐色，片状剥落。偶数羽状复叶互生，有小叶 5~6 对，小叶对生或近对生，披针形、卵状披针形或线状披针形，基部偏斜，全缘。花单性异株，先花后叶，圆锥花序腋生，雄花序排列紧密，雌花序排列疏松，柱头 3 裂。核果倒卵状球形，略压扁，径约 5mm，成熟时紫红色，不育果实蓝黑色。

花 果 期　花期 4~5 月，果期 7~10 月。

全国分布　产于长江以南各地区及华北、西北地区。

区域分布　产于河北完县、井陉、平山、赞皇、内丘、沙河、大名、武安、涉县、磁县；北京各山区。

生　　境　生于平原、丘陵、山林、山坡疏林中。

漆树科　Anacardiaceae

漆树

Toxicodendron vernicifluum (Stokes) F. A. Barkl.

区域保护等级	国家保护等级	CITES 附录	中国生物多样性红色名录等级	IUCN 红色名录等级	极小种群物种	国家重点保护农业野生植物
冀、京 II 级						

形态特征　落叶乔木，树皮粗糙，不规则纵裂，小枝具圆形或心形的叶痕和突起的皮孔，折断后有白色乳汁流出。奇数羽状复叶互生，小叶 4~6 对，卵形、卵状椭圆形或长圆形，先端急尖，基部偏斜，叶背脉常有毛。圆锥花序，花黄绿色，小。核果肾形或椭圆形，果核坚硬。

花 果 期　花期 5~6 月，果期 7~10 月。

全国分布　除黑龙江、吉林、内蒙古和新疆外，其余地区均产。

区域分布　产于河北灵寿、井陉、赞皇、沙河、武安、涉县；北京怀柔、昌平、房山、延庆等地。

生　　境　生于向阳避风山坡及杂木林内。

无患子科　Sapindaceae

文冠果

Xanthoceras sorbifolium Bunge

区域保护等级	国家保护等级	CITES 附录	中国生物多样性红色名录等级	IUCN 红色名录等级	极小种群物种	国家重点保护农业野生植物
冀			LC			

形态特征 落叶灌木或小乔木，高 2~5m。羽状复叶互生，叶连柄长 15~30cm；小叶 4~8 对，披针形或近卵形，两侧稍不对称，长 2.5~6cm，宽 1.2~2cm，边缘有锐利锯齿。总状花序，花梗长 1.2~2cm；苞片长 0.5~1cm；花瓣白色，基部紫红色或黄色；花盘的角状附属体橙黄色；子房被灰色绒毛。蒴果长达 6cm；种子长达 1.8cm，黑色而有光泽。

花 果 期 花期 4~5 月，果期 6~8 月。

全国分布 我国分布于西至宁夏、甘肃，东北至辽宁，北至内蒙古，南至河南。

区域分布 河北、北京、天津各地区均有栽培，河北小五台山有野生种。

生　　境 生于海拔 30~1500m 的山坡或沟岸。

省沽油科　Staphyleaceae

省沽油

Staphylea bumalda DC.

区域保护等级	国家保护等级	CITES 附录	中国生物多样性红色名录等级	IUCN 红色名录等级	极小种群物种	国家重点保护农业野生植物
冀、京Ⅱ级			LC			

形态特征　落叶灌木，高约 2m。复叶对生，有长柄，柄长 2.5~3cm，具 3 小叶；小叶椭圆形、卵圆形或卵状披针形，长 4.5~8cm，宽 2.5~5cm，先端锐尖，具尖尾，基部楔形或圆形。圆锥花序顶生，直立，花白色；萼片长椭圆形，浅黄白色，花瓣 5，白色，倒卵状长圆形，较萼片稍大，长 5~7mm，雄蕊 5，与花瓣略等长。蒴果膀胱状，扁平，2 室，先端 2 裂；种子黄色，有光泽。

花 果 期　花期 4~5 月，果期 7~9 月。

全国分布　产于黑龙江、吉林、辽宁、河北、山西、陕西、浙江、湖北、安徽、江苏、四川。

区域分布　产于河北平山、井陉；北京房山、怀柔等地。

生　　境　生于海拔 1000m 以下向阳山地及山沟杂木林中。

鼠李科　Rhamnaceae

北枳椇

Hovenia dulcis Thunb.

区域保护等级	国家保护等级	CITES 附录	中国生物多样性红色名录等级	IUCN 红色名录等级	极小种群物种	国家重点保护农业野生植物
冀、京Ⅱ级			LC			

形态特征　落叶乔木，树皮灰色，外面皱裂。叶互生，广卵形或卵状椭圆形，较大，三出脉，边缘有粗锯齿，叶片基部稍偏斜。圆锥花序顶生或腋生，花小，淡黄绿色。核果黑褐色，熟时果柄肉质、扭曲、红色。

花 果 期　花期 5~7 月，果期 8~10 月。

全国分布　产于河北、山东、山西、河南、陕西、甘肃、四川北部、湖北西部、安徽、江苏、江西（庐山）。

区域分布　产于河北易县官座岭；北京见于房山上方山、昌平沟崖。

生　　境　生于阳光充足的沟边或山谷中，或庭院栽培。

葡萄科　Vitaceae

百花山葡萄

Vitis baihuashanensis M. S. Kang et D. Z. Lu

区域保护等级	国家保护等级	CITES 附录	中国生物多样性红色名录等级	IUCN 红色名录等级	极小种群物种	国家重点保护农业野生植物
京 II 级						

形态特征　落叶木质藤本，长 15~20m。小枝圆柱形，红褐色，被灰白色柔毛，随后脱落至几无毛。卷须先端二分叉。叶通常鸟足状，具 5 裂片；小裂片具细长柄，中间裂片为菱形，长 4~7cm，宽 2~3cm，中部以下常 3 深裂，边缘具粗齿，基部一对裂片斜卵形，稍小，2 深裂或全裂，正面光滑，背面沿叶脉疏被白色柔毛；叶柄长 10~15cm。圆锥花序长 7~10cm，花瓣绿色，雄蕊 5~6，花丝水平伸展，先端扭曲，花药基生。浆果球形，熟时紫黑色，直径 0.5~0.8cm。

花 果 期　花期 5~6 月，果期 7~9 月。

全国分布　特产北京。

区域分布　特产北京。

生　境　生于杂木林下。

附　注　该种在 *Flora of China* 中被处理为深裂山葡萄 *Vitis amurensis* var. *dissecta* Skvorts. 的异名。然而，百花山葡萄在叶片、花和种子形态上与深裂山葡萄有明显的区别特征。依据目前葡萄属物种划分原则，百花山葡萄应为独立的物种，极度濒危，亟待保护。

葡萄科　Vitaceae

少毛复叶葡萄

Vitis piasezkii var. *pagnuccii* (Rom. Caill.)　Rehder

区域保护等级	国家保护等级	CITES 附录	中国生物多样性红色名录等级	IUCN 红色名录等级	极小种群物种	国家重点保护农业野生植物
冀			LC			

形态特征　木质攀缘藤本，长 10~15m。茎皮黑褐色，幼枝及叶柄近无毛。三至五出掌状复叶或上部叶为单叶，在同一枝上变化很大，单叶多为卵圆形，长 4~10cm，宽可达 13cm，先端突尖，基部宽心形，不分裂、浅裂或深裂，背面有疏毛或近无毛，复叶的中间小叶菱形，长 9~11cm，基部楔形，有短柄，两侧小叶斜卵形；叶柄紫红色，长 4~9cm。圆锥花序与叶对生，长 5~10cm，总花梗有柔毛；花小，直径约 3mm。浆果球形，直径约为 1cm；黑紫色，内含 1~2 枚种子。
花 果 期　花期 5~6 月，果期 8~9 月。
全国分布　产于河北、山西、陕西、甘肃、河南。
区域分布　产于河北内丘、武安、邯郸、彭城等地。
生　　境　生于向阳山坡、丛林，海拔 850~1800m。
附　　注　该变种在 *Flora of China* 中被提升到物种等级，名称为 *Vitis piasezkii* Maxim. 。

椴树科　Tiliaceae

紫椴

Tilia amurensis Rupr.

区域保护等级	国家保护等级	CITES 附录	中国生物多样性红色名录等级	IUCN 红色名录等级	极小种群物种	国家重点保护农业野生植物
冀	第一批 II 级		VU			

形态特征　乔木，高 25m，树皮暗灰色，纵裂，片状脱落。叶阔卵形或卵圆形，长 4.5~6cm，宽 4~5.5cm，先端急尖或渐尖，基部心形，有时斜截形，正面无毛，背面浅绿色，脉腋内有毛丛，侧脉 4~5 对；叶柄长 2~3.5cm，纤细，无毛。聚伞花序长 3~5cm，纤细，无毛，有花 3~20 朵；花柄长 7~10mm；苞片狭带形，长 3~7cm，宽 5~8mm，两面均无毛，下半部或下部 1/3 与花序柄合生；花瓣长 6~7mm；退化雄蕊不存在；雄蕊约 20 枚。果实卵圆形，被星状茸毛。
花 果 期　花期 6~7 月，果期 8~9 月。
全国分布　产于黑龙江、吉林、辽宁、河北、北京和天津。
区域分布　产于河北赤城；北京延庆、密云；天津蓟县盘山。
生　境　生于杂木林中。

椴树科 Tiliaceae

蒙椴

Tilia mongolica Maxim.

区域保护等级	国家保护等级	CITES 附录	中国生物多样性红色名录等级	IUCN 红色名录等级	极小种群物种	国家重点保护农业野生植物
冀			LC			

形态特征 乔木，高 10m，树皮淡灰色，有不规则薄片状脱落。叶阔卵形或圆形，长 4~6cm，宽 3.5~5.5cm，先端渐尖，常出现 3 裂，基部微心形或斜截形，正面无毛，背面仅脉腋内有毛丛，侧脉 4~5 对，边缘有粗锯齿，齿尖突出；叶柄长 2~3.5cm，无毛，纤细。聚伞花序长 5~8cm，有花 6~12 朵，花序柄无毛；花柄长 5~8mm；苞片窄长圆形，长 3.5~6cm，宽 6~10mm，两面均无毛，上下两端钝，下半部与花序柄合生，基部有柄长约 1cm；花瓣长 6~7mm；退化雄蕊花瓣状，稍窄小；雄蕊与萼片等长。果实倒卵形，被毛，有棱或有不明显的棱。

花 果 期 花期 7 月，果期 8~9 月。

全国分布 产于内蒙古、河北、河南、山西及辽宁西部。

区域分布 产于河北围场、迁西、尚义、蔚县小五台山、平山、井陉、武安；北京各区县山区；天津蓟县。

生 境 生于向阳山坡、杂木林中。

董菜科　Violaceae

掌叶董菜

Viola dactyloides Roem. et Schult.

区域保护等级	国家保护等级	CITES 附录	中国生物多样性红色名录等级	IUCN 红色名录等级	极小种群物种	国家重点保护农业野生植物
冀			VU			

形态特征　多年生草本，无地上茎，高 7~20cm。根状茎短，长 6~20mm，稍斜生，具多数赤褐色根。叶基生，具长柄；叶片掌状 5 全裂，裂片长圆形、长圆状卵形或宽披针形，边缘具稀疏钝锯齿或微呈波状又或呈浅缺刻状齿；叶柄长可达 15cm，通常下部有白色细毛，后渐变无毛。花大，淡紫色，具长梗；花梗通常不超出于叶，深绿色，无毛，中部以下有 2 枚小苞片；小苞片小，线形，长 5~8mm，全缘或疏生少数细齿；花瓣宽倒卵形，长约 1.6cm，宽约 8.5mm，具长约 4.5mm 的爪部，侧方花瓣长圆状倒卵形，长约 1.5cm，宽约 7mm，里面基部有明显的长须毛，下方花瓣倒卵形，连距长 2~2.3cm；距长而粗，长 5~6mm，粗约 2.5mm，微向上方弯，末端钝。蒴果椭圆形，种子卵球形，棕红色。

花 果 期　花期 5~6 月，果期 6~7 月。

全国分布　产于吉林东部长白山区、黑龙江的小兴安岭山区、内蒙古的大兴安岭南端、河北等地。

区域分布　产于河北围场赛罕坝。

生　境　生于海拔 1500m 以上的林下。

董菜科　Violaceae

河北董菜

Viola yezoensis var. *hopeiensis* (J. W. Wang et T. G. Ma) J. W. Wang et J. Yang

区域保护等级	国家保护等级	CITES 附录	中国生物多样性红色名录等级	IUCN 红色名录等级	极小种群物种	国家重点保护农业野生植物
冀						

形态特征　多年生草本，无地上茎，矮小；根茎较粗，棕褐色。叶数枚，花期叶小，卵形或长圆卵形，先端钝，基部浅心形，边缘有钝平齿，幼叶多被柔毛，长 1~2.5cm，宽 1~1.5cm；叶柄长 2~3cm，有狭翅，被稀毛；托叶披针形，疏生细齿。花梗数枚，苞片生于中部靠上，线形；花黄色，萼片宽披针形，附属物长 1~2mm，末端有齿，侧瓣有须毛，下瓣连距长 1~1.2cm，距长 3~4mm，直或稍弯；子房无毛，花柱上部渐宽，柱头有短喙。

花 果 期　花期 5 月，果期 6 月。
全国分布　产于河北赤城（模式标本产地）。
区域分布　产于河北赤城。
生　　境　生于山坡林下。

柽柳科　Tamaricaceae

宽苞水柏枝

Myricaria bracteata Royle

区域保护等级	国家保护等级	CITES 附录	中国生物多样性红色名录等级	IUCN 红色名录等级	极小种群物种	国家重点保护农业野生植物
京 II 级			LC			

形态特征　灌木，高约 0.5~3m，多分枝；老枝灰褐色或紫褐色，多年生枝红棕色或黄绿色，有光泽和条纹。叶密生于当年生绿色小枝上，卵形、卵状披针形、线状披针形或狭长圆形，长 2~4mm，宽 0.5~2mm，先端钝或锐尖，基部略扩展或不扩展，常具狭膜质的边。总状花序顶生于当年生枝条上，密集呈穗状；苞片通常宽卵形或椭圆形，有时呈菱形，长约 7~8mm，宽约 4~5mm，先端渐尖，边缘为膜质，后膜质边缘脱落，伸展或向外反卷，基部狭缩，具宽膜质的啮齿状边缘，中脉粗厚；易脱落，基部残留于花序轴上常呈龙骨状脊；花瓣倒卵形或倒卵状长圆形，长 5~6mm，宽 2~2.5mm，先端圆钝，常内曲，基部狭缩，具脉纹，粉红色、淡红色或淡紫色，果时宿存。蒴果狭圆锥形，种子狭长圆形或狭倒卵形，顶端芒柱一半以上被白色长柔毛。

花 果 期　花期 6~7 月，果期 8~9 月。

全国分布　产于新疆、西藏、青海、甘肃西北部、宁夏西北部、陕西榆林、内蒙古西部、山西北部、河北等地区。

区域分布　产于河北赤城、宣化、怀安、尚义、蔚县、平山、井陉、邢台、沙河；北京延庆。

生　　境　常生于河滩。

秋海棠科　Begoniaceae

中华秋海棠

Begonia grandis ssp. *sinensis* (A. DC.)　Irmsch.

区域保护等级	国家保护等级	CITES 附录	中国生物多样性红色名录等级	IUCN 红色名录等级	极小种群物种	国家重点保护农业野生植物
京Ⅱ级			LC			

形态特征　多年生草本，具球形块茎，茎直立，肉质。单叶互生，叶片薄纸质、卵形，较大，基部偏斜，边缘具重锯齿，背面叶脉带紫红色；叶柄细长，托叶膜质。聚伞花序生于上部叶腋，花淡红色。蒴果具3翅。

花果期　花果期7~9月。

全国分布　产于河北、山东、河南、山西、甘肃南部、陕西、四川东部、贵州、广西、湖北、湖南、江苏、浙江、福建。

区域分布　广布于京津冀山区。

生　境　生于潮湿的沟边或岩石缝中。

葫芦科 Cucurbitaceae

土贝母

Bolbostemma paniculatum (Maxim.) Franquet

区域保护等级	国家保护等级	CITES 附录	中国生物多样性红色名录等级	IUCN 红色名录等级	极小种群物种	国家重点保护农业野生植物
京Ⅱ级			LC			

形态特征 多年生攀缘草本，鳞茎肥厚，肉质，白色，茎细弱。叶片轮廓心形或卵圆形，掌状 5 深裂，裂片又 3~5 浅裂。花单性，雌雄异株，花瓣 5，淡绿色。蒴果长圆形。

花果期 花期 6~8 月，果期 8~9 月。

全国分布 产于河北、山东、河南、山西、陕西、甘肃、四川东部和南部、湖南西北部。现已广泛栽培。

区域分布 产于河北青龙、张家口、平山、武安；北京见于海淀、房山、延庆、门头沟等；天津武清、蓟县有分布。

生　境 生于山坡、山地林缘、灌丛中和平地。

菱科　Trapaceae

细果野菱

Trapa incisa Sieb. et Zucc.

区域保护等级	国家保护等级	CITES 附录	中国生物多样性红色名录等级	IUCN 红色名录等级	极小种群物种	国家重点保护农业野生植物
	第一批 II 级		DD	LC		√

形态特征　一年生浮水水生草本。根二型：着泥根细铁丝状，着生水底泥中；同化根，羽状细裂，裂片丝状、淡绿褐色或深绿褐色。叶二型：浮水叶互生，聚生在主茎和分枝茎顶，在水面形成莲座状菱盘，叶片较小，斜方形或三角状菱形，正面深亮绿色，背面绿色，被少量短毛或无毛，有棕色马蹄形斑块，边缘中上部有缺刻状的锐锯齿，边缘中下部全缘，基部阔楔形；叶柄中上部稍膨大，绿色无毛；沉水叶小，早落。花小，单生于叶腋，花梗细，无毛；萼筒4裂，绿色，无毛；花瓣4，白色，或带微紫红色；子房半下位，2室，每室具倒生胚珠1枚，花柱细长，柱头头状，上位花盘，有8个瘤状物围着子房。果三角形，果高1.5cm，果表面凹凸不平，4刺角细长，2肩角刺斜上举，2腰角斜下伸，细锥状；果喙细圆锥形成尖头帽状，无果冠。

花果期　花期5~10月，果期7~11月。
全国分布　产于河南、江苏、安徽、湖北、湖南、江西、四川、云南等地区。
区域分布　产于河北南部湿地、湖泊中。
生　　境　生于池塘、河流、湖泊中。

菱科　Trapaceae

四角菱

Trapa quadrispinosa Roxb.

区域保护等级	国家保护等级	CITES 附录	中国生物多样性红色名录等级	IUCN 红色名录等级	极小种群物种	国家重点保护农业野生植物
冀				LC		

形态特征　一年生浮水水生草本。根二型，着泥根细铁丝状，生水底泥中；同化根羽状细裂，裂片丝状。茎细长或粗短，每株具菱盘多个，分别着生于主茎及分枝茎上。叶二型：浮水叶互生，聚生于主茎及分枝茎顶部，形成莲座状菱盘，叶菱状圆形，长约5cm，宽约3cm，表面亮绿色，背面主侧脉突起，密生宿存的绒毛，边缘中上部具浅凹细圆齿，基部阔楔形，全缘；叶柄中上部膨大成海绵质，被短毛；沉水叶小，早落。花单生于叶腋，两性；萼筒4裂，萼脊有棕褐色毛；花瓣4，白色；子房半下位，2室，每室具1倒生胚珠。果三角形，近锚状，具4刺角，肩角较腰角为长，2肩角稍斜上或平伸，2腰角斜向下伸，果高2~2.5cm（果喙除外），2刺角间距5~6cm，刺角较细长，肩部稍突起，果缘小，周围洼陷，果冠不明显，不向外翻卷，径0.5cm，果颈高0.3cm；果梗长1.6~2.5cm。

花 果 期　花果期6~8月。

全国分布　产于江苏、浙江、湖北、江西、海南等地。

区域分布　产于承德离宫、白洋淀。

生　　境　生于池塘中。

附　　注　*Flora of China* 中记载该种为欧菱 *Trapa natans* Linn. 的异名。

八角枫科　Alangiaceae

八角枫

Alangium chinense (Lour.)　Harms

区域保护等级	国家保护等级	CITES 附录	中国生物多样性红色名录等级	IUCN 红色名录等级	极小种群物种	国家重点保护农业野生植物
冀			LC			

形态特征　落叶小乔木，小枝略呈"之"字形。叶椭圆形、卵形，顶端钝尖，基部两侧常不对称，叶正面深绿色，无毛，背面淡绿色，脉腋有丛状毛外；基出掌状脉。聚伞花序腋生，长3~4cm，被稀疏微柔毛，有7~30（~50）花，花梗长 5~15mm；花冠圆筒形，花瓣白色，花被片 6~8，线形，长 1~1.5cm，宽 1mm，花萼长 2~3mm，顶端分裂为 5~8 枚齿状萼片；雄蕊和花瓣同数而近等长。核果卵圆形，直径 5~8mm。

花 果 期　花期 6~7 月，果期 9~10 月。

全国分布　产于河南、陕西、甘肃、江苏、浙江、安徽、福建、台湾、江西、湖北、湖南、四川、贵州、云南、广东、广西和西藏南部。

区域分布　产于河北井陉、南寺掌、赞皇丈石岩、武安马甲、列江、沙河等地；北京房山上方山圣水峪村附近。

生　　境　生于海拔 800~1250m 山坡杂林中或较阴处。

五加科　Araliaceae

红毛五加

Acanthopanax giraldii Harms

区域保护等级	国家保护等级	CITES 附录	中国生物多样性红色名录等级	IUCN 红色名录等级	极小种群物种	国家重点保护农业野生植物
冀						

形态特征　灌木，高 1~3m；小枝灰棕色，无毛或稍有毛，密生向下直刺，稀无刺。小叶 5，稀 3，小叶片椭圆形；叶柄长 3~7cm，无毛，稀有细刺。伞形花序单个顶生，直径 1.5~2cm，有花多数；总花梗粗短，长 5~7mm，稀长至 2cm；花梗长 5~7mm，无毛；花白色，花萼、花瓣、雄蕊和柱头各 5，花柱基部合生。果实球形，有 5 棱，黑色，直径 8mm。

花 果 期　花期 7~8 月，果期 8~10 月。

全国分布　分布于青海、甘肃、宁夏、四川西北部、陕西、湖北和河南。

区域分布　产于河北承德。

生　　境　生于灌丛杂木林内。

附　　注　五加属接受名为 *Eleutherococcus*。

五加科　Araliaceae

刺五加

Acanthopanax senticosus (Rupr. et Maxim.) Harms

区域保护等级	国家保护等级	CITES 附录	中国生物多样性红色名录等级	IUCN 红色名录等级	极小种群物种	国家重点保护农业野生植物
冀、京 II 级	第二批 II 级		LC			√

形态特征　落叶灌木，多分枝，1~2 年生枝条上常密被刺。掌状复叶，小叶多为 5 片，纸质，椭圆状倒卵形或长圆形，边缘具重锯齿。伞形花序单生或少数簇生，花多，小花梗长 1~3cm，花瓣黄白色或紫色。浆果状核果球形，具 5 棱，熟时黑色，具短小宿存花柱。
花 果 期　花期 6~8 月，果期 8~10 月。
全国分布　分布于黑龙江、吉林、辽宁、河北和山西。
区域分布　京津冀各区县山区广泛分布。
生　　境　生于林内或灌丛杂木林内。
附　　注　五加属接受名为 *Eleutherococcus*。

五加科　Araliaceae

无梗五加

Acanthopanax sessiliflorus (Rupr. et Maxim.) Seem.

区域保护等级	国家保护等级	CITES 附录	中国生物多样性红色名录等级	IUCN 红色名录等级	极小种群物种	国家重点保护农业野生植物
冀、京Ⅱ级			LC			

形态特征　灌木或小乔木，枝条灰黑色，有纵裂，小枝极少数具刺。掌状复叶互生，小叶卵形、倒卵形或椭圆形，边缘具不规则重锯齿。头状花序球形，小花几无梗，暗紫色。果实倒卵状椭圆形，具短小柱头。
花 果 期　花期 7~9 月，果期 8~10 月。
全国分布　分布于黑龙江、吉林、辽宁、河北和山西。
区域分布　京津冀各区县山区广泛分布。
生　　境　生于林内或灌丛杂木林内。
附　　注　五加属接受名为 *Eleutherococcus*。

五加科 Araliaceae

辽东楤木

Aralia elata (Miq.) Seem.

区域保护等级	国家保护等级	CITES 附录	中国生物多样性红色名录等级	IUCN 红色名录等级	极小种群物种	国家重点保护农业野生植物
京Ⅱ级			LC			

形态特征 灌木或小乔木，树皮灰色，小枝棕灰色，疏生细刺。二至三回羽状复叶，较大，小叶片薄纸质，阔卵形、卵形至椭圆状卵形，两面生有短柔毛和细刺毛，边缘疏生锯齿。圆锥花序顶生，较大，花黄白色，细小。果实球形，黑色，具5棱。
花 果 期 花期6~8月，果期9~11月。
全国分布 分布于黑龙江、吉林中部以东、辽宁东北部和河北。
区域分布 京津冀山区有分布。
生　　境 生于杂木林缘、林内和灌丛中。

五加科 Araliaceae

刺楸

Kalopanax septemlobus (Thunb.) Koidz.

区域保护等级	国家保护等级	CITES 附录	中国生物多样性红色名录等级	IUCN 红色名录等级	极小种群物种	国家重点保护农业野生植物
冀、京 I 级			LC			

形态特征 落叶乔木，树皮暗灰色，小枝淡黄色或棕灰色，散生粗刺。叶掌状浅裂，在长枝上互生，在短枝上簇生。圆锥花序大，花白色或淡绿色；花萼、花瓣皆 5；雄蕊 5；柱头离生。果实球形，蓝黑色。

花 果 期 花期 7~10 月，果期 9~11 月。

全国分布 我国北自东北地区，南至广东、广西、云南，西自四川西部，东至海滨的广大区域内均有分布。

区域分布 产于河北秦皇岛；北京密云和怀柔；天津蓟县。

生　　境 生于灌木林内和林缘向阳山坡上。

报春花科　Primulaceae

岩生报春

Primula saxatilis Kom.

区域保护等级	国家保护等级	CITES 附录	中国生物多样性红色名录等级	IUCN 红色名录等级	极小种群物种	国家重点保护农业野生植物
冀、京Ⅱ级			VU			

形态特征　多年生低矮小草本，根状茎倾斜或平卧，多须根。叶片卵状椭圆形，边缘浅裂，有锯齿。伞形花序顶生，花莛细长、直立，花粉红色，花瓣顶端 2 浅裂。蒴果近球形。

花 果 期　花果期 5~6 月。

全国分布　产于黑龙江南部，河北（雾灵山），山西（五台山）亦有记载。

区域分布　产于河北太行山区；北京密云和延庆等地。

生　　境　生于山坡林中阴湿处。

白花丹科　Plumbaginaceae

金花补血草

Limonium aureum (Linn.) Hill

区域保护等级	国家保护等级	CITES 附录	中国生物多样性红色名录等级	IUCN 红色名录等级	极小种群物种	国家重点保护农业野生植物
冀			LC			

形态特征　多年生草本，全株（除萼外）无毛。叶基生，通常长圆状匙形至倒披针形。花序圆锥状，花序轴2至多数，绿色，密被疣状突起（有时仅上部嫩枝具疣），由下部作数回叉状分枝，往往呈之字形曲折；穗状花序位于上部分枝顶端，由3~5（~7）个小穗组成；小穗含2~3花；萼檐、花冠橙黄色。胞果。

花 果 期　花期6~8月，果期7~8月。

全国分布　产于东北西部、华北北部和西北各地区，近年在四川西北部（甘孜）也发现有分布。

区域分布　产于河北坝上草原及保定、天津沿海一带。

生　　境　多生于河滩盐碱地，为盐渍土指示植物之一。

白花丹科 Plumbaginaceae

二色补血草

Limonium bicolor (Bunge) O. Kuntze

区域保护等级	国家保护等级	CITES 附录	中国生物多样性红色名录等级	IUCN 红色名录等级	极小种群物种	国家重点保护农业野生植物
冀、京 II 级			DD			

形态特征　多年生草本，茎干光滑无毛。叶基生，窄倒卵形或倒卵状披针形，先端钝而有短尖头，基部渐狭成柄。密集聚伞花序组成圆锥花序，花莛单一或数条；苞片卵圆形，边缘宽膜质；花萼白色、黄色或粉红色，5 浅裂，花冠黄色。胞果，具 5 棱。

花 果 期　花果期 5~10 月。

全国分布　产于东北、黄河流域各地区和江苏北部。

区域分布　产于河北吴桥、秦皇岛；北京延庆、平谷熊耳寨；天津沿海一带地区。

生　　境　多生于河滩盐碱地，为盐渍土指示植物之一。

白花丹科　Plumbaginaceae

中华补血草

Limonium sinensis (Girard) O. Kuntze

区域保护等级	国家保护等级	CITES 附录	中国生物多样性红色名录等级	IUCN 红色名录等级	极小种群物种	国家重点保护农业野生植物
冀						

形态特征 多年生草本，全株（除萼外）无毛。叶基生，倒卵状长圆形、长圆状披针形至披针形。花序伞房状或圆锥状，中部以上作数回分枝，末级小枝二棱状；穗状花序排列于花序分枝的上部至顶端，由 2~6（~11）个小穗组成；小穗含 2~3（~4）花，被第一内苞包裹的 1~2 花常迟放或不开放；萼檐白色，宽 2~2.5mm，开张幅径 3.5~4.5mm，裂片宽短而先端通常钝或急尖；花冠黄色。胞果。

花 果 期 花果期 5~8 月。

全国分布 分布于我国滨海各地区。

区域分布 产于河北山海关、北戴河；天津海滨地区、北辰区、东丽区、歧口、马棚口、塘沽、汉沽。

生　境 生于海滨盐地，为盐渍土指示植物。

紫草科　Boraginaceae

长筒滨紫草

Mertensia davurica (Sims) G. Don

区域保护等级	国家保护等级	CITES 附录	中国生物多样性红色名录等级	IUCN 红色名录等级	极小种群物种	国家重点保护农业野生植物
京 II 级			LC			

形态特征　多年生草本，植株被细硬毛。茎下部叶为匙形或披针形，上部叶披针形。花序顶生，较长；花冠蓝紫色，花冠筒长 2cm 以上，具褐色纵条纹。小坚果，卵圆形。

花 果 期　花期 6~7 月，果期 8~9 月。

全国分布　产于内蒙古、河北北部。

区域分布　见于河北塞罕坝、北京东灵山。

生　　境　生于草甸地区。

马鞭草科　Verbenaceae

蒙古莸

Caryopteris mongholica Bunge

区域保护等级	国家保护等级	CITES 附录	中国生物多样性红色名录等级	IUCN 红色名录等级	极小种群物种	国家重点保护农业野生植物
冀			LC			

形态特征　落叶小灌木，常自基部即分枝，嫩枝紫褐色，圆柱形，有毛，老枝毛渐脱落。叶片厚纸质，线状披针形或线状长圆形，全缘，很少有稀齿，长 0.8~4cm，宽 2~7mm，背面密生灰白色绒毛。聚伞花序腋生，花萼外面密生灰白色绒毛；花冠蓝紫色，长约1cm，外面被短毛，5 裂，二唇形，下唇中裂片较长、大，边缘流苏状。蒴果椭圆状球形，无毛，果瓣具翅。

花果期　花果期 8~10 月。

全国分布　产于河北、山西、陕西、内蒙古、甘肃。

区域分布　产于河北康保屯垦乡、友谊村、阳原。

生　境　生于海拔 1100~1250m 的干旱坡地及干旱碱质土壤上。

160

唇形科 Lamiaceae

黄芩

Scutellaria baicalensis Georgi

区域保护等级	国家保护等级	CITES 附录	中国生物多样性红色名录等级	IUCN 红色名录等级	极小种群物种	国家重点保护农业野生植物
冀、京Ⅱ级			LC			

形态特征 多年生草本，根茎肥厚，肉质；茎直立或斜生，多分枝。叶披针形或条状披针形，先端钝或稍尖，基部圆形，全缘，叶背面被下陷腺点。花序顶生，总状，花蓝紫色，二唇形。小坚果，卵形，具瘤。

花 果 期 花期 7~8 月，果期 8~9 月。

全国分布 产于黑龙江、辽宁、内蒙古、河北、河南、甘肃、陕西、山西、山东、四川等地，江苏有栽培。

区域分布 广布京津冀各地。

生 境 生于向阳草坡及荒地，海拔 60~1300m 处。

玄参科　Scrophulariaceae

脐草

Omphalothrix longipes Maxim.

区域保护等级	国家保护等级	CITES 附录	中国生物多样性红色名录等级	IUCN 红色名录等级	极小种群物种	国家重点保护农业野生植物
冀			LC			

形态特征　植株高约60cm。茎直立而纤细，被白色倒毛，上部分枝。叶无柄，条状椭圆形，长5~15mm，宽2~4mm，无毛，边缘胼胝质加厚，每边有几个尖齿，到果期几乎全部叶脱落。苞片与叶同形；花梗细长，直或稍弓曲，花期长5~10mm，果期稍伸长，与茎同样被毛；花萼长3~5mm，裂片卵状三角形，边缘有糙毛；花冠白色，长5mm，外被柔毛。蒴果与花萼近等长，被细刚毛，种子长1mm。

花 果 期　花期6~8月，果期8~9月。
全国分布　产于东北地区及河北。
区域分布　产于河北蔚县小五台山；北京门头沟妙峰山、延庆玉渡山。
生　　境　生于山野湿地。
附　　注　该物种拉丁名的属名应拼写为*Omphalotrix*。

川续断科 Dipsacaceae

华北蓝盆花

Scabiosa tschiensis Grüning

区域保护等级	国家保护等级	CITES 附录	中国生物多样性红色名录等级	IUCN 红色名录等级	极小种群物种	国家重点保护农业野生植物
冀			LC			

形态特征　多年生草本，高 30~70cm，具卷伏毛。基生叶丛生，茎生叶对生，羽状深裂至全裂。头状花序顶生，具长梗及披针形总苞片；花蓝紫色，萼 5 裂，刺毛状，边花花冠 5 裂，二唇形，中央花筒状，裂片近等大。瘦果被宿存萼刺。
花 果 期　花果期 6~9 月。
全国分布　产于黑龙江、吉林、辽宁、内蒙古、河北、山西、陕西、甘肃东部、宁夏南部（固原）。
区域分布　京津冀山区广布。
生　　境　生于阴湿地、山坡草地或荒地上。
附　　注　*Flora of China* 中记录本种为蓝盆花 *Scabiosa comosa* Fischer ex Roemer et Schultes 的异名。

桔梗科　Campanulaceae

雾灵沙参

Adenophora wulingshanica Hong

区域保护等级	国家保护等级	CITES 附录	中国生物多样性红色名录等级	IUCN 红色名录等级	极小种群物种	国家重点保护农业野生植物
冀			NT			

形态特征　多年生草本，高达 1m。具白色乳汁。3~4
　　　　　枚轮生，椭圆状披针形，边缘具不规则锯
　　　　　齿。圆锥花序，花下垂；萼裂片 5，边缘有
　　　　　锯齿，花冠钟形，淡蓝紫色，先端 5 浅裂，
　　　　　花柱内藏。蒴果宽椭圆形。
花 果 期　花期 7~9 月，果期 9~10 月。
全国分布　产于河北。
区域分布　产于河北兴隆雾灵山、青龙老岭；北京密云
　　　　　雾灵山。
生　　境　生于山沟灌丛或草地。

桔梗科　Campanulaceae

羊乳

Codonopsis lanceolata (Sieb. et Zucc.) Trautv.

区域保护等级	国家保护等级	CITES 附录	中国生物多样性红色名录等级	IUCN 红色名录等级	极小种群物种	国家重点保护农业野生植物
冀、京Ⅱ级			LC			

形态特征　多年生草质藤本，有乳汁和特殊气味。根肉质肥大，纺锤形。茎细弱，长约 1m。茎生叶小，互生，分枝上的叶常 2~4 枚集生于枝端。花常单生于枝端。萼筒贴生至子房中部，花冠钟状，外面绿白色，内面深紫色。蒴果圆锥形，被宿存花萼。

花果期　花期 7~8 月，果期 9~10 月。

全国分布　产于东北、华北、华东和中南各地区。

区域分布　京津冀山区广布。

生　境　生于山沟灌丛或草地。

桔梗科　Campanulaceae

党参

Codonopsis pilosula (Franch.)　Nannf.

区域保护等级	国家保护等级	CITES 附录	中国生物多样性红色名录等级	IUCN 红色名录等级	极小种群物种	国家重点保护农业野生植物
冀、京Ⅱ级			LC			

形态特征　多年生草质藤本，具乳汁。根肥大，长圆柱
形。茎纤细，长 1~2m，多分枝，光滑，缠
绕。叶互生或近对生，卵形，具波状齿。花
1~3 朵顶生，黄绿色；花萼 5 裂；花冠宽
钟形，5 浅裂，带紫色斑点。蒴果圆锥状，
萼片宿存。
花 果 期　花期 7~8 月，果期 8~9 月。
全国分布　模式标本采自北京附近，全国广布。
区域分布　京津冀山区广布。
生　　境　生于山沟灌丛或草地。

桔梗科　Campanulaceae

桔梗

Platycodon grandiflorus (Jacq.)　A. DC.

区域保护等级	国家保护等级	CITES 附录	中国生物多样性红色名录等级	IUCN 红色名录等级	极小种群物种	国家重点保护农业野生植物
京Ⅱ级			LC			

形态特征　多年生草本，较高，极少分枝，有白色乳汁，根肉质肥厚。叶互生或 3 枚轮生，卵形至卵状披针形，缘有锯齿。花单朵顶生或数朵成假总状；花冠宽钟状，蓝色，先端 5 裂。蒴果倒卵形。

花 果 期　花期 7~9 月，果期 8~10 月。

全国分布　产于东北、华北、华东、华中、华南及西南等地。

区域分布　京津冀山区广布。

生　　境　生于山沟灌丛或草地。

菊科 Compositae

黄花蒿

Artemisia annua Linn.

区域保护等级	国家保护等级	CITES 附录	中国生物多样性红色名录等级	IUCN 红色名录等级	极小种群物种	国家重点保护农业野生植物
			LC			√

形态特征 一年生草本，植株有浓烈的挥发性香气。茎单生，高 100~200cm，有纵棱；茎、枝、叶两面及总苞片背面无毛或初时背面微有极稀疏短柔毛，后脱落无毛。叶纸质，绿色；茎下部叶宽卵形或三角状卵形，长 3~7cm，宽 2~6cm，绿色，两面具细小脱落性的白色腺点及细小凹点，三至四回栉齿状羽状深裂，每侧有裂片 5~8（~10）枚，裂片长椭圆状卵形，再次分裂；叶柄长 1~2cm，基部有半抱茎的假托叶。头状花序球形，多数，直径 1.5~2.5mm，有短梗，下垂或倾斜，基部有线形的小苞叶；总苞片 3~4 层，内、外层近等长；花深黄色，雌花 10~18 朵，花冠狭管状，檐部具 2（~3）裂齿，外面有腺点，花柱线形，伸出花冠外，先端二叉，叉端钝尖；两性花 10~30 朵，结实或中央少数花不结实，花冠管状，花药线形，上端附属物尖，长三角形，基部具短尖头，花柱近与花冠等长，先端二叉，叉端截形，有短睫毛。瘦果小，椭圆状卵形，略扁。

花 果 期 花果期 8~10 月。
全国分布 遍及全国。
区域分布 京津冀区域广布。
生　　境 生于河边、沟谷、山坡、荒地、路边及居民点附近。

菊科　Compositae

苍术

Atractylodes lancea (Thunb.) DC.

区域保护等级	国家保护等级	CITES 附录	中国生物多样性红色名录等级	IUCN 红色名录等级	极小种群物种	国家重点保护农业野生植物
冀						

形态特征　多年生草本，高 30~100cm。根状茎肥大。叶倒卵形至椭圆状披针形，革质，坚硬，具光泽，边缘有具硬刺的牙齿。头状花序，单生枝端；总苞钟状，总苞片多层；管状花白色。瘦果圆柱形，密生银白色毛，冠毛污白色。

花 果 期　花果期 7~10 月。

全国分布　分布于黑龙江、辽宁、吉林、内蒙古、河北、山西、甘肃、陕西、河南、江苏、浙江、江西、安徽、四川、湖南、湖北等地。

区域分布　京津冀区域广布。

生　　境　生于海拔 500~1500m 的山坡岩石附近、山坡灌丛或草丛中。

菊科　Compositae

异色菊

Dendranthema dichrum (C. Shih) H. Ohashi et Yonek.

区域保护等级	国家保护等级	CITES 附录	中国生物多样性红色名录等级	IUCN 红色名录等级	极小种群物种	国家重点保护农业野生植物
冀						

形态特征　多年生草本，高约 30cm。主茎平卧或斜升，裸露，褐色；上部多次分枝，有稠密的叶，被稠密贴伏的短柔毛。叶偏斜椭圆形或偏斜长椭圆形，长 1~1.5cm，宽 0.5~1cm，羽状分裂；侧裂片 1~2 对，长椭圆形或披针形，宽 1~2mm，全缘。花序下部的叶线形，不裂。全部叶基部渐狭成楔形短柄，柄长 5mm，两面异色，正面绿色，无毛或几无毛，背面白色或灰白色，被稠密贴伏的短柔毛。头状花序小，单生枝端，有长花梗，花梗被稠密贴伏的短柔毛，或枝生 2~3 个头状花序，总苞碟状，直径约 5mm。总苞片 3 层；外层披针形，长 1.5mm，顶端褐色圆形扩大；中内层椭圆形，长约 2.5mm。中外层外面被稠密短柔毛，内层无毛。全部苞片边缘宽膜质。舌状花黄色，舌片长 3mm。两性花冠长 2mm。瘦果 1mm。

花 果 期　花果期 8 月。

全国分布　产于河北内丘小岭底。

区域分布　产于河北内丘小岭底。

生　　境　生于山坡。

附　　注　*Flora of China* 中菊属的拉丁名为 *Chrysanthemum*。

眼子菜科　Potamogetonaceae

鸡冠眼子菜

Potamogeton cristatus Regel et Maack

区域保护等级	国家保护等级	CITES 附录	中国生物多样性红色名录等级	IUCN 红色名录等级	极小种群物种	国家重点保护农业野生植物
冀			LC			

形态特征　多年生水生草本，通常在开花前全部沉没水中。茎纤细，圆柱形或近圆柱形，直径约 0.5mm，近基部常匍匐地面，于节处生出多数纤长的须根，具分枝。叶二型；花期前全部为沉水型叶，线形，互生，无柄，长 2.5~7cm，宽约 1mm，先端渐尖，全缘；近花期或开花时出现浮水叶，通常互生，在花序梗下近对生，叶片椭圆形、矩圆形或矩圆状卵形，稀披针形，革质，长 1.5~2.5cm，宽 0.5~1cm，先端钝或尖，基部近圆形或楔形，全缘，具长 1~1.5cm 的柄；托叶膜质，与叶离生。穗状花序顶生，或呈假腋生状，具花 3~5 轮，密集；花序梗稍膨大，略粗于茎，长 0.8~1.5cm；花小，被片 4。果实斜倒卵形，长约 2mm，基部具长约 1mm 的柄；背部中脊明显成鸡冠状，喙长约 1mm，斜伸。

花 果 期　花期 5~7 月，果期 6~8 月。

全国分布　产于东北地区及河北、江苏、浙江、江西、福建、台湾、河南、湖北、湖南、四川等地。

区域分布　产于河北大名、邱县、邯郸、武安；北京玉泉山附近。

生　　境　生于静水池沼或水稻田中。

眼子菜科 Potamogetonaceae

眼子菜

Potamogeton distinctus A. Benn.

区域保护等级	国家保护等级	CITES 附录	中国生物多样性红色名录等级	IUCN 红色名录等级	极小种群物种	国家重点保护农业野生植物
冀			LC	LC		

形态特征 多年生浮水草本。根状茎匍匐，茎细弱，多分枝，长达 50cm。叶两型，沉水叶具短柄，叶片披针形；浮水叶具长柄，叶片宽披针形，叶脉多数。穗状花序腋生，具花梗，伸出水面。花小，多数，密集，黄绿色。小坚果广卵形。

花 果 期 花期 6~7 月，果期 7~9 月。

全国分布 广布于我国南北大多数地区。

区域分布 产于河北北戴河、蔚县、东光、肃宁、保定；北京西苑、大兴县黄村；天津近郊、蓟县、宁河。

生　　境 生于稻田、沟渠和池塘中。

眼子菜科 Potamogetonaceae

浮叶眼子菜

Potamogeton natans Linn.

区域保护等级	国家保护等级	CITES 附录	中国生物多样性红色名录等级	IUCN 红色名录等级	极小种群物种	国家重点保护农业野生植物
冀			NT	LC		

形态特征　多年生水生草本。根茎发达，白色，常具红色斑点，多分枝，节处生有须根。茎圆柱形，通常不分枝。浮水叶革质，卵形至矩圆状卵形，有时为卵状椭圆形，长 4~9cm，宽 2.5~5cm。先端圆形或具钝尖头，基部心形至圆形，稀渐狭，具长柄；叶脉 23~35 条，于叶端连接，其中 7~10 条显著；沉水叶质厚，叶柄状，呈半圆柱状的线形，先端较钝，长 10~20cm，宽 2~3mm，具不明显的 3~5 脉；常早落。穗状花序顶生，长 3~5cm，具花多轮，开花时伸出水面；花序梗稍有膨大，粗于茎或有时与茎等粗，开花时通常直立，花后弯曲而使穗沉没水中，长 3~8cm。花小，被片 4，绿色，肾形至近圆形，径约 2mm。果实倒卵形，外果皮常为灰黄色，背部钝圆，或具不明显的中脊。

花 果 期　花期 5~8 月，果期 7~9 月。

全国分布　产于东北地区及新疆、西藏。

区域分布　产于河北北戴河、隆化、唐山、曲阳、保定、灵寿、正定、邢台、永年、临漳；北京西苑及清华园附近；天津近郊。

生　　境　生于池沼、浅水沟和稻田中。

百合科 Liliaceae

冀韭

Allium chiwui Wang et Tang

区域保护等级	国家保护等级	CITES 附录	中国生物多样性红色名录等级	IUCN 红色名录等级	极小种群物种	国家重点保护农业野生植物
冀			EN			

形态特征　根状茎粗壮，横走。鳞茎单生或数枚聚生，近圆锥状，粗 7~13mm；鳞茎外皮灰黑色，有时带紫红色，膜质，内皮白色，不破裂。叶条形，扁平，比花莛短或近等长，宽 2~5mm，先端钝圆，光滑。花莛圆柱状，具 2 纵棱，高 13~30cm，粗 1.5~2.5mm，下部被叶鞘；总苞 2 裂，宿存；伞形花序半球状，具多而密集的花；小花梗近等长，近与花被片等长，基部无小苞片；花白色至黄色；花被片长 4~7mm，宽 2~2.5mm，内轮的卵状矩圆形，先端钝，外轮的舟状卵形，先端钝，比内轮的稍短；花丝等长，等于或略长于花被片，仅基部合生并与花被片贴生，内轮的扩大成很狭的三角形，外轮的锥形；花药黄色；子房倒卵球状，基部无明显的蜜穴；花柱比子房长，伸出花被外。

花 果 期　花果期 7~8 月。
全国分布　产于河北蔚县小五台山和怀来。
区域分布　产于河北蔚县小五台山和怀来。
生　境　生于海拔 2100~2500m 的草坡。

百合科　Liliaceae

茖葱

Allium victorialis Linn.

区域保护等级	国家保护等级	CITES 附录	中国生物多样性红色名录等级	IUCN 红色名录等级	极小种群物种	国家重点保护农业野生植物
京Ⅱ级			LC			

形态特征　多年生草本，鳞茎近圆柱形，外皮灰褐色，破裂成纤维状，呈明显的网状。叶2~3枚，倒披针状椭圆形至椭圆形。花葶圆柱形，苞片2，宿存；伞形花序，球形，花白色带绿色，稀有红色。蒴果。
花 果 期　花果期6~9月。
全国分布　产于黑龙江、吉林、辽宁、河北、山西、内蒙古、陕西、甘肃东部、四川北部、湖北、河南和浙江（天目山）。
区域分布　产于河北燕山和太行山山区各县。
生　　境　生于山地林下、阴湿山坡、草地或沟边。

百合科　Liliaceae

知母

Anemarrhena asphodeloides Bunge

区域保护等级	国家保护等级	CITES 附录	中国生物多样性红色名录等级	IUCN 红色名录等级	极小种群物种	国家重点保护农业野生植物
冀、京Ⅱ级						

形态特征　多年生草本，全株无毛，根状茎较粗，横走，着生多数黄褐色纤维状残茎，其下着生粗根。叶基生，基部扩大呈鞘状包于根状茎上。花茎直立，圆柱形；穗状花序稀疏，花黄白色或淡紫色，具短梗。蒴果长卵形。
花 果 期　花期5~7月，果期7~9月。
全国分布　产于河北、山西、山东半岛、陕西北部、甘肃东部、内蒙古南部、辽宁西南部、吉林西部和黑龙江南部。
区域分布　京津冀山区区县广布。
生　　境　生于山坡、草地或路旁较干燥或向阳的地方。

百合科 Liliaceae

七筋姑

Clintonia udensis Trautv. et Mey.

区域保护等级	国家保护等级	CITES 附录	中国生物多样性红色名录等级	IUCN 红色名录等级	极小种群物种	国家重点保护农业野生植物
冀、京Ⅱ级			LC			

形态特征 多年生草本，根状茎短，横走。叶基生，椭圆形、倒卵状长圆形或倒披针形，基部成鞘状抱茎。花莛密生白色短柔毛，花序总状，花白色。浆果，成熟后蓝黑色。

花 果 期 花期 5~6 月，果期 7~10 月。

全国分布 产于黑龙江、吉林、辽宁、河北、山西、河南、湖北、陕西、甘肃、四川、云南和西藏南部。

区域分布 产于河北平山大地；北京见于门头沟、怀柔、密云等地。

生　　境 生于高山疏林下或阴坡疏林下。

百合科　Liliaceae

宝铎草

Disporum sessile D. Don.

区域保护等级	国家保护等级	CITES 附录	中国生物多样性红色名录等级	IUCN 红色名录等级	极小种群物种	国家重点保护农业野生植物
京Ⅱ级						

形态特征　多年生草本，根状茎肉质，根簇生，茎直立，光滑。叶薄纸质，长圆形至长圆状披针形，主脉 3 条。花 1~3 朵着生于分枝顶端，黄色或白色，花被近直出，倒卵状披针形，较长。浆果球形，黑色。

花果期　花期 5~6 月，果期 7~10 月。

全国分布　产于浙江、江苏、安徽、江西、湖南、山东、河南、河北、陕西、四川、贵州、云南、广西、广东、福建和台湾。

区域分布　产于河北迁西、邢台；北京房山、门头沟、海淀、密云等；天津蓟县。

生　　境　生于林下或灌丛中。

附　　注　本区域植物志及《北京市重点保护野生植物名录》中记载的 *Disporum sessile* D. Don. 实际上在中国无分布，真实物种拉丁名为 *Disporum uniflorum* Baker ex S. Moore。

百合科　Liliaceae

轮叶贝母

Fritillaria maximowiczii Freyn

区域保护等级	国家保护等级	CITES 附录	中国生物多样性红色名录等级	IUCN 红色名录等级	极小种群物种	国家重点保护农业野生植物
冀、京 I 级			EN			

形态特征　多年生草本，鳞茎肥厚，茎光滑。叶片轮生于茎上部，稀 2 轮，叶片线形至线状披针形，先端不反卷。花单生枝顶，少有 2 朵者；花被片 6，长圆状椭圆形，外面紫红色，内面红色具黄色方格形斑纹，基部具蜜腺；雄蕊 6，花柱长，柱头 3 深裂。蒴果椭圆形。

花 果 期　花期 6~7 月，果期 7~8 月。

全国分布　产于辽宁、吉林、黑龙江（博克图、喜桂嘉图）和河北北部（承德、东陵）。

区域分布　产于河北青龙、承德、遵化东陵、丰宁、滦平、兴隆雾灵山；北京见于密云。

生　　境　在河北生于海拔 1400~1480m 的草地及林缘，在北京生于山顶草甸、林间坡地上。

百合科　Liliaceae

百合

Lilium brownii var. *viridulum* Baker

区域保护等级	国家保护等级	CITES 附录	中国生物多样性红色名录等级	IUCN 红色名录等级	极小种群物种	国家重点保护农业野生植物
冀			LC			

形态特征 鳞茎球形，直径 2~5cm，白色；鳞片披针形。茎直立，高 1m 左右。叶散生，倒披针形至倒卵形，长 3~10cm，宽 1~2.5cm，先端渐尖，基部渐狭，全缘或波状，有 5~7 脉。花单生或几朵排成近伞形；花乳白色，有香气，外面稍带紫色，无斑点，向外开张或先端外弯而不卷，长 13~18cm，柱头 3 裂。蒴果长圆形，有棱，内含多数种子。

花 果 期 花期 5~8 月，果期 8~10 月。

全国分布 产于河北、山西、河南、陕西、湖北、湖南、江西、安徽和浙江。

区域分布 产于河北涞源、灵寿、赵县、晋县；区域内各地常有栽培。

生　　境 生于山坡草丛中、疏林下、山沟旁、地边或村边。

百合科 Liliaceae

渥丹

Lilium concolor Salisb.

区域保护等级	国家保护等级	CITES 附录	中国生物多样性红色名录等级	IUCN 红色名录等级	极小种群物种	国家重点保护农业野生植物
冀			LC			

形态特征 多年生草本，鳞茎卵球形，白色，肉质鳞片叶为披针形。叶互生，线状披针形，稍具缘毛。花顶生，直立，不反卷，多具 2~3 朵花，花红色，花被片 6。蒴果长卵形，室背开裂。

花 果 期 花期 5~7 月，果期 8~9 月。

全国分布 产于河南、河北、山东、山西、陕西和吉林。

区域分布 产于河北青龙、卢龙、抚宁、遵化、滦县、平泉、承德、丰宁、滦平、隆化、宽城、兴隆、沽源、三河、邢台、武安；天津蓟县。

生 境 生于山坡、路旁、灌木林下。

百合科　Liliaceae

有斑百合

Lilium concolor var. *pulchellum* (Fisch.) Regel

区域保护等级	国家保护等级	CITES 附录	中国生物多样性红色名录等级	IUCN 红色名录等级	极小种群物种	国家重点保护农业野生植物
京Ⅱ级			LC			

形态特征　多年生草本，鳞茎卵球形，白色，肉质鳞片叶为披针形。叶互生，线状披针形，稍具缘毛。花顶生，直立，不反卷，常具 2~3 朵花，稀为 4~5 朵，花红色或橘红色，具紫色斑点；花被片狭披针形，开展，基部具蜜槽；雄蕊 6，花药紫红色；子房圆柱形。蒴果，长圆形，室背开裂，具多数种子。

花果期　花期 6~7 月，果期 8~9 月。

全国分布　产于河北、山东、山西、内蒙古、辽宁、黑龙江和吉林。

区域分布　京津冀山区各地广布。

生　　境　生于山坡草地、林间或路旁。

百合科　Liliaceae

毛百合

Lilium dauricum Ker-Gwal.

区域保护等级	国家保护等级	CITES 附录	中国生物多样性红色名录等级	IUCN 红色名录等级	极小种群物种	国家重点保护农业野生植物
冀			LC			

形态特征　鳞茎卵状球形，高约 1.5cm，直径约 2cm。茎高 50~70cm，有棱。叶散生，在茎顶端有 4~5 枚叶片轮生，基部有一簇白绵毛，边缘有小乳头状突起，有的还有稀疏的白色绵毛。花梗长 1~8.5cm，有白色绵毛；花 1~2 朵顶生，橙红色或红色，有紫红色斑点。蒴果矩圆形。
花 果 期　花期 6~7 月，果期 8~9 月。
全国分布　产于黑龙江、吉林、辽宁、内蒙古和河北。
区域分布　产于河北东北部，少见。
生　　境　生于山坡灌丛间、疏林下，路边及湿润的草甸。

百合科　Liliaceae

卷丹

Lilium lancifolium Thunb.

区域保护等级	国家保护等级	CITES 附录	中国生物多样性红色名录等级	IUCN 红色名录等级	极小种群物种	国家重点保护农业野生植物
冀						

形态特征　鳞茎近宽球形，高约3.5cm，直径4~8cm；鳞片宽卵形，白色。茎高0.8~1.5m，带紫色条纹，具白色绵毛。叶散生，矩圆状披针形或披针形，上部叶腋有珠芽。花3~6朵或更多；苞片叶状，卵状披针形；花下垂，花被片披针形，反卷，橙红色，有紫黑色斑点。蒴果狭长卵形，长3~4cm。

花 果 期　花期7~8月，果期8~10月。

全国分布　产于江苏、浙江、安徽、江西、湖南、湖北、广西、四川、青海、西藏、甘肃、陕西、山西、河南、河北、山东和吉林等地区。

区域分布　产于河北灵寿漫山林场；北京海淀；天津蓟县山区；区域内各地有栽培。

生　　境　生于山坡灌木林下、草地、路边、水旁。

附　　注　*Flora of China* 中记录本种拉丁名为 *Lilium tigrinum* Ker Gawl. 。

百合科　Liliaceae

大花卷丹

Lilium leichtlinii var. *maximowiczii* (Regel) Baker

区域保护等级	国家保护等级	CITES 附录	中国生物多样性红色名录等级	IUCN 红色名录等级	极小种群物种	国家重点保护农业野生植物
冀			VU			

形态特征　鳞茎球形，高 4cm，宽 4cm，白色。茎高 0.5~2m，有紫色斑点，具小乳头状突起。叶散生，窄披针形，长 3~10cm，宽 0.6~1.2cm，边缘有小乳头状突起，上部叶腋间不具珠芽。花 2~3 朵至 8 朵排列成总状花序，少有单花；苞片叶状，披针形；花下垂，花被片反卷，红色，具紫色斑点，蜜腺两边有乳头状突起，尚有流苏状突起。蒴果。
花 果 期　花果期 7~9 月。
全国分布　产于陕西、华北、东北地区及陕西。
区域分布　产于河北南部太行山区，较少见。
生　　境　生于山谷沙地。

百合科　Liliaceae

山丹

Lilium pumilum Redouté

区域保护等级	国家保护等级	CITES 附录	中国生物多样性红色名录等级	IUCN 红色名录等级	极小种群物种	国家重点保护农业野生植物
京Ⅱ级			LC			

形态特征　多年生草本，植株较高大，鳞茎卵形或圆锥形，白色，肉质鳞片叶长卵形至长圆形。叶互生，线形，中脉在背面突出。花1~3朵顶生，或数朵排成总状花序，花被片6，鲜红色，下垂。蒴果，室背开裂。

花 果 期　花期6~7月，果期9~10月。

全国分布　产于河北、河南、山西、陕西、宁夏、山东、青海、甘肃、内蒙古、黑龙江、辽宁和吉林。

区域分布　京津冀山区各地广布。

生　　境　生于山坡草地、林间或路旁。

薯蓣科　Dioscoreaceae

穿龙薯蓣

Dioscorea nipponica Makino

区域保护等级	国家保护等级	CITES 附录	中国生物多样性红色名录等级	IUCN 红色名录等级	极小种群物种	国家重点保护农业野生植物
京Ⅱ级	第二批Ⅱ级		LC			

形态特征　多年生缠绕草质藤本，根状茎横走，坚硬，外皮黄褐色，内皮白色；茎左旋，近无毛。单叶互生，叶片宽卵形至卵形，边缘有不等大三角形浅裂、中裂或深裂，顶端叶片近全缘，掌状脉。花雌雄异株，花序穗状，花小。蒴果倒卵形，具3翅。

花 果 期　花期7~8月，果期8~9月。

全国分布　分布于东北、华北地区及山东、河南、安徽、浙江北部、江西（庐山）、陕西（秦岭以北）、甘肃、宁夏、青海南部、四川西北部。

区域分布　京津冀地区分布较广，尤其以山区为多。

生　　境　生于林缘或灌木丛中。

雨久花科　Pontederiaceae

雨久花

Monochoria korsakowii Regel et Maack

区域保护等级	国家保护等级	CITES 附录	中国生物多样性红色名录等级	IUCN 红色名录等级	极小种群物种	国家重点保护农业野生植物
冀				LC		

形态特征　直立水生草本；根状茎粗壮，具柔软须根。茎直立，全株光滑无毛。叶基生和茎生；基生叶宽卵状心形，长 4~10cm，宽 3~8cm，顶端急尖或渐尖，基部心形，全缘，具多数弧状脉；叶柄长达 30cm，有时膨大成囊状；茎生叶叶柄渐短，基部增大成鞘，抱茎。总状花序顶生，花 10 余朵，花被片椭圆形，蓝色。蒴果长卵圆形，种子长圆形。

花 果 期　花期 7~9 月，果期 8~10 月。

全国分布　产于东北、华北、华中、华东和华南地区。

区域分布　产于河北秦皇岛、北戴河、唐山、唐海、丰南、定兴、曲周、邯郸、成安；北京平谷、顺义、房山、海淀、怀柔等地；天津蓟县。

生　　境　生于池塘、湖边和稻田中。

兰科　Orchidaceae

小花火烧兰

Epipactis helleborine (Linn.) Crantz

区域保护等级	国家保护等级	CITES 附录	中国生物多样性红色名录等级	IUCN 红色名录等级	极小种群物种	国家重点保护农业野生植物
冀	第二批 I 级	附录 II	LC			√

形态特征　陆生兰，高 20~65cm。根状茎短，具细而长的根。茎直立，上部具短柔毛，下部有 3~4 枚鞘。叶 2~5（~7）枚，互生，卵形至卵状披针形。总状花序具 3~45 朵花，花序轴被短柔毛；花苞片叶状，卵形至披针形；花绿色至淡紫色，下垂，稍开放；花瓣较小，卵状披针形；合蕊柱连花药长 3~4mm；子房倒卵形，长 1~1.5cm，无毛。蒴果直立。

花 果 期　花期 6~8 月，果期 7~9 月。

全国分布　产于辽宁、河北、山西、陕西、甘肃、青海、新疆、安徽、湖北、四川、贵州、云南和西藏。

区域分布　产于河北蔚县小五台山南台湖沟、涿鹿杨家坪、赞皇楼底村宣底沟、内丘小岭底太行山区；北京见于门头沟、延庆、密云等地。

生　　境　生于林下和草坡上。

兰科 Orchidaceae

北方鸟巢兰

Neottia camtschatea (Linn.) Rchb. f.

区域保护等级	国家保护等级	CITES 附录	中国生物多样性红色名录等级	IUCN 红色名录等级	极小种群物种	国家重点保护农业野生植物
冀、京Ⅱ级	第二批Ⅱ级	附录Ⅱ	LC			√

形态特征 腐生兰,高 10~30cm,具曲折的根状茎及多数肉质根。茎棕色,疏被乳突状短柔毛,具 2~5 枚鞘。总状花序长 5~15cm,具 10~20 余朵花,花疏散;花绿白色;花瓣条形,唇瓣近狭楔形;合蕊柱长 3mm;子房椭圆形,具乳突状短柔毛,长 2~3mm;花梗长 2.5~4mm。蒴果。

花 果 期 花期 6~7 月,果期 7~8 月。

全国分布 产于内蒙古中部至西部、河北西北部、山西北部、甘肃、青海东北部和新疆中部至北部。

区域分布 产于河北兴隆雾灵山、蔚县小五台山;北京门头沟东灵山、百花山、密云雾灵山、延庆松山保护区等地;天津蓟县山地。

生　　境 生于高海拔地区阴坡林下。

兰科　Orchidaceae

二叶兜被兰

Neottianthe cucullata (Linn.) Schltr.

区域保护等级	国家保护等级	CITES 附录	中国生物多样性红色名录等级	IUCN 红色名录等级	极小种群物种	国家重点保护农业野生植物
冀、京Ⅱ级	第二批Ⅱ级	附录Ⅱ	VU			√

形态特征　陆生兰，块茎近球形或阔椭圆形。茎纤细，直立，基部具 2 枚叶。叶卵形、披针形或狭椭圆形；总状花序具几朵至 20 朵花，花常偏向一侧，紫红色；花苞片披针形，萼片、花瓣均具 1 脉；唇瓣基部全缘，前部 3 裂；子房纺锤形，无毛。蒴果，光滑。

花 果 期　花期 6~8 月，果期 7~8 月。

全国分布　产于黑龙江、吉林、辽宁、内蒙古、河北、山西、陕西（秦岭以北）、甘肃、青海、安徽、浙江、江西、福建、河南、四川西部、云南西北部、西藏东部至南部。

区域分布　产于河北承德围场、东陵、蔚县小五台山、武安梁沟；北京密云坡头、门头沟妙峰山、百花山、东灵山、房山霞云岭、密云雾灵山等；天津蓟县。

生　　境　生于林下和林间草地，常见于油松林区。

兰科　Orchidaceae

二叶舌唇兰

Platanthera chlorantha Cust. ex Rchb.

区域保护等级	国家保护等级	CITES 附录	中国生物多样性红色名录等级	IUCN 红色名录等级	极小种群物种	国家重点保护农业野生植物
冀、京Ⅱ级	第二批Ⅱ级	附录Ⅱ	LC			√

形态特征　陆生兰，高 30~50cm，块茎 1~2 枚，卵状。茎直立，无毛，基生叶 2 枚。叶椭圆形或倒披针状椭圆形，总状花序具 10 余花，绿白色，较大；子房细圆柱状，弧曲，上端下弯，无毛。蒴果，长圆形。

花 果 期　花期 6~7 月，果期 7~8 月。

全国分布　产于黑龙江、吉林、辽宁、内蒙古、河北、山西、陕西、甘肃、青海、四川、云南、西藏。

区域分布　京津冀地区广布。

生　　境　生于山地阴坡林下或草丛中。

兰科 Orchidaceae

绶草

Spiranthes sinensis (Pers.) Ames

区域保护等级	国家保护等级	CITES 附录	中国生物多样性红色名录等级	IUCN 红色名录等级	极小种群物种	国家重点保护农业野生植物
冀、京Ⅱ级	第二批Ⅱ级	附录Ⅱ	LC	LC		√

形态特征　陆生兰，高 15~50cm。茎直立，基部簇生数条粗厚的肉质根，近基部生 2~4 枚叶。叶条状倒披针形或条形，长 10~20cm，宽 4~10mm。花序顶生，长 10~20cm，具多数密生的小花，似穗状；花白色或淡红色，呈螺旋状排列；花瓣和中萼片等长但较薄，顶端极钝；唇瓣近矩圆形，顶端极钝，顶端伸展，基部至中部边缘全缘，中部之上具强烈的皱波状啮齿，基部稍凹陷，呈浅囊状，囊内具 2 个突起。蒴果。

花果期　花期 6~8 月。果期 7~9 月。

全国分布　产于全国各地区。

区域分布　京津冀地区广布。

生　　境　生于山地阴坡林下或草丛中。

兰科　Orchidaceae

蜻蜓兰

Tulotis asiatica H. Hara

区域保护等级	国家保护等级	CITES 附录	中国生物多样性红色名录等级	IUCN 红色名录等级	极小种群物种	国家重点保护农业野生植物
冀、京 II 级	第二批 II 级	附录 II	NT			√

形态特征　陆生兰，高 20~50cm。根状茎短，根粗，肉质，或多或少呈指状。茎直立，叶较宽大，倒卵形至椭卵形，顶端钝。总状花序狭长，具多数花；花苞片狭披针形，常长于子房；花小，淡绿色，唇瓣舌状披针形，侧裂片三角形，蕊柱顶端两侧各具 1 枚钻状退化雄蕊，粘盘椭圆形，被蕊喙边所形成的蚌壳状粘囊包着。蒴果细长。

花果期　花期 7~8 月，果期 8~9 月。

全国分布　产于黑龙江、吉林、辽宁、内蒙古、河北、山西、陕西、甘肃、青海东部、山东、河南、四川、云南西北部（德钦）。

区域分布　京津冀地区广布。

生　　境　生于开阔草地或林下阴湿地。

附　　注　该种名称与《河北植物志》的记载相同，但《河北省重点保护野生植物名录》中的名称为 *Tulotis suscescens*（Linn.）Czer.。*Flora of China* 中被记录为舌唇兰属蜻蜓舌唇兰 *Platanthera souliei* Kraenzlin 的异名。

兰科 Orchidaceae

小花蜻蜓兰

Tulotis ussuriensis (Reg. et Maack) H. Hara

区域保护等级	国家保护等级	CITES 附录	中国生物多样性红色名录等级	IUCN 红色名录等级	极小种群物种	国家重点保护农业野生植物
冀、京Ⅱ级	第二批Ⅱ级	附录Ⅱ	NT			√

形态特征 陆生兰，高 20~50cm。根状茎短，根粗，肉质，或多或少呈指状。茎直立，叶狭长。总状花序狭长，具多数稀疏排列的花；花苞片狭披针形，常长于子房；花小，淡绿色，唇瓣舌状披针形，侧裂片半圆形，蕊柱顶端两侧各具 1 枚钻状退化雄蕊，粘盘椭圆形，被蕊喙边所形成的蚌壳状粘囊包着。蒴果细长。

花 果 期 花期 7~8 月，果期 8~10 月。

全国分布 产于吉林、河北、陕西、江苏、安徽、浙江、江西、福建、河南、湖北、湖南、广西东北部、四川。

区域分布 产于北京海淀区北安河金山。

生 境 生于山沟泉水边湿润地区，在海拔 800m 的山杨林下亦见。

附 注 该种在 *Flora of China* 中被记录为舌唇兰属东亚舌唇兰 *Platanthera ussuriensis*(Regel) Maxim. 的异名。近年来未见活体。

供图名单

供图者	图片所在页码和位置
陈又生	67
高云东	208
何 理	77左上，227上
李冬辉	124
林秦文	25右上，36，49，76上，77右上、下，102上，108右上，131右上，160，173，175，188，191，198右上、下，224左下，227下
刘 冰	12，15，18左上、右上、右下，26右上、下，29，56，81，82下，83，98，100，101下，102下，136右上，140，141，149，150，192，195，198左上，199，211，221
毛星星	9上
潘建斌	217
尚 策	37上、下1、下2，80左上
汪 远	9下，82右上、中，126，224左上
徐晔春	27，161，170
叶喜阳	197
喻勋林	239
张 力	3
张志翔	37
赵建成	2
周 繇	7，16，80右上、下，109，213，225，237，240，242，254
朱鑫鑫	209
沐先运	其余图片